Wilfried Wichard | Wolfgang Weitschat

Im Bernsteinwald

Wilfried Wichard | Wolfgang Weitschat

Im Bernsteinwald

Gerstenberg Verlag

»Oh, wenn du reden könntest, kleine Fliege.
Wie ganz anders würde es um unsere Kenntnisse der
Vergangenheit stehen!« *Immanuel Kant*

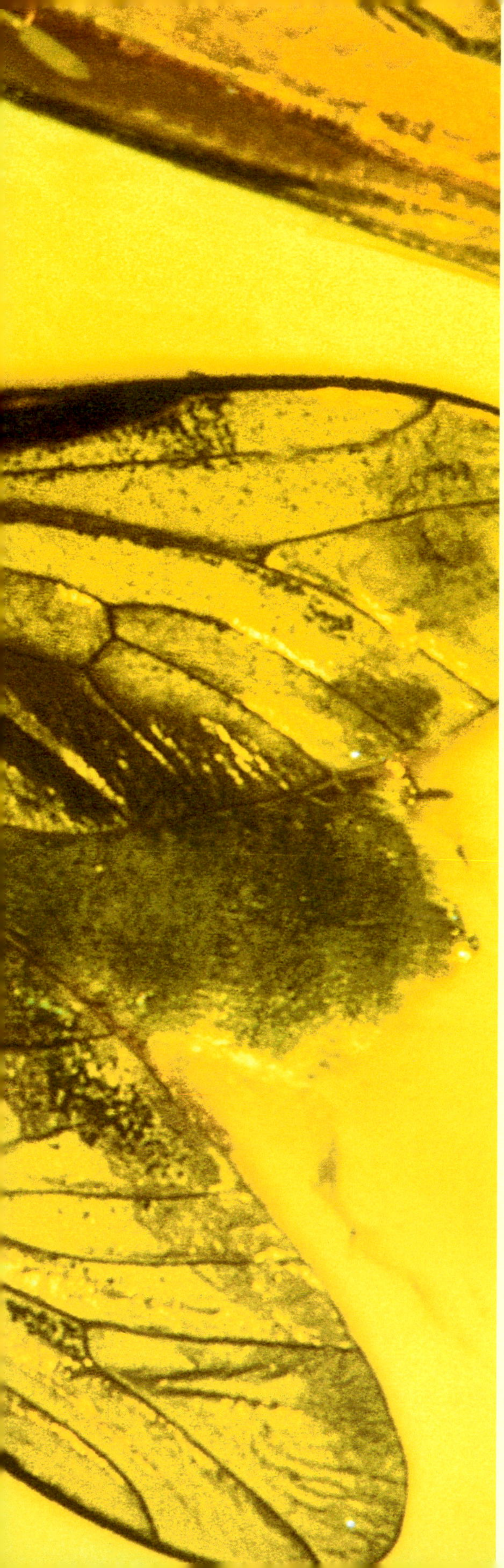

Inhalt

Bernstein – Fenster in die Vergangenheit

Bernstein – er schimmert in milden goldenen Farbtönen, fühlt sich warm und lebendig an, ist so leicht, dass er im Meerwasser schwimmt, und so durchsichtig, als sei er aus Glas. Er brennt mit heller rötlich-bläulicher Flamme und verbreitet dabei aromatische Düfte; an Wolle gerieben zieht er auf geheimnisvolle Weise leichte Stoffe wie Federn oder Papierschnitzel an. Er kommt aus dem Meer und schließt doch Tiere und Pflanzen des Waldes ein. Kein Wunder, dass unsere Vorfahren diesen seltsamen Stein mit dem Nimbus des Magischen umgaben und ihm heilende Wirkung für eine Vielzahl von Krankheiten zuschrieben. Kein anderes Erzeugnis der Natur hat die Menschheit über Jahrtausende derart fasziniert und ihre Phantasie bis in die heutige Zeit hinein angeregt.

So hat eigentlich erst der Bernstein Steven Spielbergs Film *Jurassic Park* möglich gemacht, denn der Ausgangspunkt der Handlung ist der Phantasie von Wissenschaftlern geschuldet. Euphorisch beschreibt der Film, wie – mit Hilfe der Gentechnik – Saurier aus einer Blutzelle zu neuem Leben erweckt werden. Dieses Dinosaurier-Blut wiederum soll einer blutsaugenden Stechmücke entnommen worden sein, die über viele Millionen Jahre im Bernstein eingeschlossen war – so weit die Fiktion. Tatsächlich haben Forschergruppen bei verschiedenen Bernstein-Insekten wie Rüsselkäfern, Bienen und Termiten nach Genen gefahndet und sogar winzige DNS-Bruchstücke extrahiert, die mit der so genannten Polymerase-Kettenreaktion (PCR) vervielfältigt wurden. Nachprüfungen haben jedoch ergeben, dass aus Bernstein isolierte DNS definitiv nicht von eingeschlossenen Insekten stammen kann, sondern auf Verunreinigungen der Proben, vermutlich durch Pilze und Pollen, zurückzuführen ist. Bislang geht man davon aus, dass DNS spätestens nach einer Million Jahren unkenntlich ist beziehungsweise restlos zerfällt. Bernstein ist aber deutlich älter, nämlich 40 bis 50 Millionen Jahre.

Doch zurück zur Geschichte: Funde aus der Jungsteinzeit, dem Neolithikum, belegen, dass dieser seltsame, leuchtend gelbe Stein der Ostseeküste den Menschen bereits vor 6000 Jahren aufgefallen war. Durchbohrte Bernsteinkugeln und -scheiben, einstmals zu Ketten aneinandergereiht, sowie geschnitzte Figuren und Amulette als Grabbeigaben zeugen davon. In der Antike blühte ein weit verzweigter Handel mit dem »Gold des Nordens«. Von den Fundstellen im Baltikum gelangte die wertvolle Ware über »Bernsteinstraßen« zu Wasser und zu Lande bis zu den Zentren der damaligen Welt: in die Städte der Phönizier, Griechen und Römer. Die Griechen gaben dem Bernstein den Namen elektron, Sonnenstein, und Homer erwähnt ihn erstmals in der

links Grabbeigaben aus der Jungsteinzeit – Bernsteinperlen; Amulett; Spinnwirteln; Doppelaxt
rechts Ein Bückeburger Bernsteinhalsband aus acht unregelmäßig geschliffenen, fein verzierten Bernsteinen, der Verschluss besteht aus drei Silberplatten. In Bückeburg waren Bernsteinketten seit Mitte des 18. Jahrhunderts ein kostbares Detail der Tracht.
ganz rechts Moderner Bernsteinschmuck: Anhänger mit Eintagsfliege

Odyssee. Die Römer wiederum nannten Bernstein succinum, Saftstein, den der römische Schriftsteller Plinius der Ältere (23–79 n. Chr.) in seinem enzyklopädischen Werk *Historia Naturalis* folgendermaßen beschrieb: »Dass es sich um Saft eines Baumes handelt, haben auch unsere Vorfahren erkannt und nannten ihn deshalb Saftstein. Zum Beweis seiner Herkunft aus der Gattung der Fichten dient der fichtenartige Geruch, der beim Reiben entsteht. Auch brennt und duftet er wie ein Kienspan, wenn man ihn anzündet.« Und der große römische Geschichtsschreiber Tacitus (55–116 n. Chr.) führt in seiner Schrift über Germanien *De origine et situ Germanorum* an: »Dass Bernstein ein Baumharz ist, kann man leicht erkennen, denn oft schimmern allerlei Tierchen durch, wie sie auf dem Boden herumkriechen oder auch herumfliegen. Sie verfangen sich in der flüssigen Masse und werden dann, wenn sie hart wird, mit eingeschlossen.« Bei den alten Germanen hieß der Bernstein Glesum oder Glessum, weil er durchsichtig wie Glas ist, und unser heutiges Wort Bernstein kommt vom mittelniederdeutschen born-, barn-, oder bernsten, also Brennstein. Auch die Religionen schätzten die Schönheit des Bernsteins, so wies schon der Prophet Mohammed (um 570–632) an, die Gebetsketten der Mekkapilger aus Bernstein zu fertigen, und im Mittelalter wurden kostbare Rosenkränze aus Bernstein gearbeitet.

Unter den weltweit verbreiteten Bernsteinvorkommen nimmt der Baltische Bernstein in vielerlei Hinsicht eine besondere Stellung ein. Zum einen, weil er seit der Steinzeit gesammelt und später sogar in riesigen Mengen zutage gefördert wurde, und zum anderen, weil er mit der größten Farbenvielfalt, den besten Verarbeitungsqualitäten und dem höchsten Schmuckwert ausgestattet ist. Nicht zuletzt ist er seit mehr als hundertfünfzig Jahren Objekt intensiver Forschungen der verschiedensten wissenschaftlichen Fachrichtungen. All dies hat dazu beigetragen, dass der Baltische Bernstein zum bedeutendsten und bestuntersuchten aller Bernsteine wurde.

Ursprung des Bernsteins

Bernstein gilt als Sammelbezeichnung für fossile Harze, also für »versteinerte«, Jahrmillionen alte pflanzliche

Saftflüsse. Die chemisch-physikalischen Prozesse, die aus dem klebrigen Harz Bernstein entstehen lassen, sind komplex und im einzelnen noch nicht eindeutig geklärt. Doch am Beispiel der Harzausscheidungen heutiger Bäume sind die Anfangsphasen der Bernsteingenese gut nachvollziehbar. Bewohner gemäßigter Zonen denken bei Baumharz in erster Linie an Koniferen, und in der Tat spricht vieles dafür, dass der Baltische Bernstein von fossilen Verwandten unserer heutigen Kiefern der Gattung Pinus abstammt. Daneben kommt aber, insbesondere in tropischen und subtropischen Klimazonen, auch eine Vielzahl anderer Pflanzen in Frage, die beträchtliche Mengen Harz produzieren.

Harze werden in den im Holz verlaufenden Harzkanälen abgesondert und von der Pflanze meist auf Grund von Verletzungen ausgeschieden, denn sie verschließen die Wunde wie ein Dauerverband. Bei Harzen, die wasserunlöslich und anfangs klebrig sind und im allgemeinen einen aromatischen Duft haben, handelt es sich chemisch betrachtet um Gemische verschiedener organischer Verbindungen, die zur Stoffklasse der Terpenderivate zählen. Während der Alterung des Harzes verlieren sich Duft und Klebrigkeit, leichtflüchtige Bestandteile entweichen, und es erfolgt eine Verkettung der Kohlenwasserstoff-Moleküle, die so genannte Polymerisierung. Bei manchen tropischen und subtropischen Bäumen kann diese Umwandlung von der flüssigen zur druckfesten Phase innerhalb weniger Jahrzehnte vonstatten gehen. Diese Übergangsform zwischen Harz und Bernstein wird Kopal genannt. Kopale sind vorwiegend glasklar, fest, nicht duftend und in mehrfacher Hinsicht »unfertig«, denn im Gegensatz zu Bernstein sind sie leicht löslich, zum Beispiel in Alkohol, und schmieren beim Anschliff. Der wohl bekannteste Kopal stammt vom Saftfluss einer Araukarie, der Kauri-Tanne Neuseelands. Im 19. Jahrhundert wurde dieses Harz in großen Mengen – vorrangig zur Herstellung von Lacken und Firnissen – in die Alte Welt exportiert.

Der nächste wichtige Schritt auf dem Weg zum Rohbernstein ist eine möglichst schnelle Einlagerung der Kopale oder Harze in Meeres-Sedimente bei weitgehendem Luftabschluss, denn unter dem Einfluss von Luftsauerstoff würde die Harzmasse innerhalb von tausend Jahren zu mürbem, unansehnlichem Material verwittern und schließlich ganz zerfallen. Einmal in Meeres-Sedimente eingebettet, schreitet im Laufe von Jahrmillionen die Veränderung und Verfestigung des Materials voran, wobei sich die Fadenmoleküle der Harzmasse

unten Bernsteintropfen mit Schrumpfungsrillen
rechts Langgezogener Harzfaden mit hängendem Tropfen; Indiz für eine dünnflüssige Beschaffenheit des Harzes, überschichtet von weiteren Harzgüssen

immer weiter »verknoten« und die leichtflüchtigen Bestandteile allmählich ganz verschwinden. Inwieweit dieser Prozess durch den Druck und die Temperatur überlagernder Gesteinsmassen beeinflusst wird, ist bis heute nicht hinreichend bekannt.

Wie kommt der Bernstein ins Meer?

Ein entscheidender Faktor für das außerordentliche Wandervermögen des Bernsteins ist sein geringes spezifisches Gewicht, das ihn im Wasser schwimmen lässt und gleichzeitig vor Abrollung und Zerkleinerung weitgehend schützt. Die leichtgewichtigen fossilen Harze konnten daher von Fließgewässern und in Überschwemmungsgebieten ausgespült und zur weiteren Fossilisation und Zwischenlagerung ins Meer verdriftet werden. Demnach müssen Bernsteinwälder reich an stehenden und vor allem fließenden Gewässern gewesen sein, denn ohne sie hätte der Baltische Bernstein gar nicht erst entstehen können. Fließgewässer erfordern Gefälle und eine Berglandschaft, deren Bäche talabwärts in größere starkströmende Flüsse und letztendlich ins Meer münden. Das breite Faunenspektrum der Wasserinsekten im Baltischen Bernstein gibt Zeugnis von der Existenz eines Bergwaldes mit zahlreichen Bächen und Flüssen sowie von Teichen und Seen, die nicht nur von Insekten, sondern sicher auch von einer reichen Fischfauna, von Fröschen, Salamandern und Lurchen sowie von Wasser- und Sumpfschildkröten bewohnt waren. Sogar Krokodile – zahlreiche vollständige Skelette wurden in den beiden berühmten alttertiären Lagerstätten, der Grube Messel bei Darmstadt und dem Geiseltal bei Halle, gefunden – dürften nicht gefehlt haben, auch wenn im Bernstein selbst keinerlei Hinweise darauf gefunden wurden.

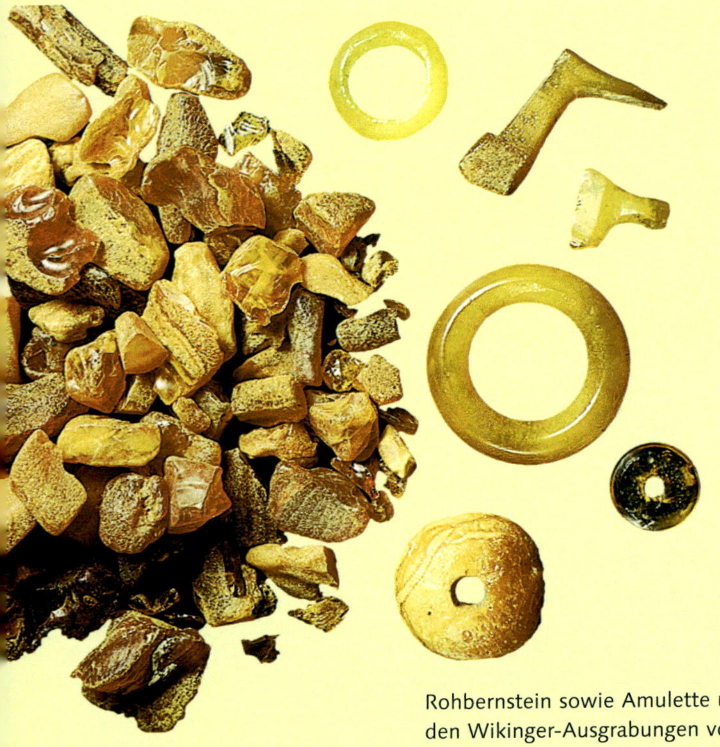

Rohbernstein sowie Amulette und Anhänger aus den Wikinger-Ausgrabungen von Haithabu, dem größten Handelszentrum der Wikinger. Bernstein bildete eine der Grundlagen des Wikinger-Handels.

Wo war der Baltische Bernsteinwald?

Da die heutigen Fundorte des Baltischen Bernsteins und seiner Hauptlagerstätte nicht mit dem Lebensraum der harzproduzierenden Bäume übereinstimmen, können wir bedauerlicherweise keine exakten Angaben über die Lage der ehemaligen Entstehungsgebiete machen. Vermutlich erstreckte sich der Baltische Bernsteinwald über ein riesiges Areal, dessen Kern das so genannte Urfennoskandien war, ein gegenüber dem heutigen Skandinavien und Finnland nach Süden vergrößertes nordeuropäisches Festland. Westlich war dieses Festland von den Küsten der damaligen Nordsee begrenzt, nach Osten könnte das Gebiet bis zum heutigen Ural gereicht haben; die Nord- und Südgrenzen bleiben indes unklar.

Baltischer Bernstein in der Blauen Erde Samlands

Wie bei der Mehrzahl aller fossilen Harze, findet man auch den Baltischen Bernstein nicht mehr dort, wo die Harze entstanden und in den Waldboden gelangt sind, also in seiner primären Lagerstätte, denn die Verlagerung begann bereits während oder kurz nach der Entstehung im Bernsteinwald. Bei diesem ersten, für das Überleben der Harze wichtigsten Schritt schwemmten große Flüsse die Harzmassen aus dem Waldboden heraus und transportierten sie in ein Ablagerungsmilieu, wo sie vor Verwitterungsprozessen geschützt waren. Hier liegt der Bernstein bereits auf seiner zweiten, der sekundären Lagerstätte.

Die älteste uns bekannte und vielleicht sekundäre Lagerstätte des Baltischen Bernsteins ist die so genannte Blaue Erde Samlands, einer im früheren Ostpreußen, dem heutigen Kaliningrad-Distrikt in Russland, gelegenen Halbinsel. Die Blaue Erde ist eine Meeresablagerung und besteht aus einer etwa 10 m dicken Feinsandschicht, die ihren Namen der durch das Mineral Glaukonit hervorgerufenen grünlich-blauen Färbung verdankt. Der Bernstein liegt darin regellos verteilt. Sein Anteil beträgt rund 2,5 kg pro Kubikmeter Sediment. Diese bernsteinführenden Schichten liegen an den Küsten des Samlandes in der Regel auf Meeresspiegelniveau und lassen sich landeinwärts weiter verfolgen. Bis ins späte Mittelalter wurde Bernstein ausschließlich an den Stränden gesammelt; bereits im 19. Jahrhundert begann die bergmännische Förderung. Die Blaue Erde ist anhand der eingeschlossenen marinen Fossilien wie Schnecken, Muscheln, Haifischzähnen und Mikrofossilien in die geologische Zeitstufe des Eozäns (Alttertiär) einzuordnen, was einem Alter von etwa 40 bis 50 Millionen

von links nach rechts »Ostseebernstein« mit Seepocken-Bewuchs; Rohbernstein aus der Blauen Erde Samlands, Tagebau Primorskoje, Yantarnyi (Bezirk Kaliningrad); von der See ausgeworfener Bernstein der Ostseeküste

Jahren entspricht (siehe auch Übersicht »Epochen der Erdgeschichte« S. 166).

Aus dieser und anderen Lagerstätten ist der Bernstein erneut weiter transportiert und umgelagert worden, und man findet ihn in fast allen geologisch jüngeren Schichten Nordeuropas, wie zum Beispiel in den jungtertiären Braunkohlesanden Nordeuropas sowie in allen eiszeitlichen Ablagerungen des Baltikums, Polens, Nordwestdeutschlands, der Niederlande bis hin zu denen der südenglischen Küsten.

Baltischer Bernstein in eiszeitlichen Ablagerungen

Die größten Wanderungen des Baltischen Bernsteins fanden zweifellos während der Eiszeit im Pleistozän statt, also vor rund zwei Millionen Jahren. Betrachtet man das heutige Verbreitungsgebiet des Baltischen Bernsteins, das im Osten bis weit nach Russland, im Westen bis an die englischen Küsten und im Süden bis an unsere Mittelgebirge reicht, so wird deutlich, dass diese Grenzen mit denen der eiszeitlichen Ablagerungen nahezu identisch sind. Die großen Inlandvereisungen hobelten, von Skandinavien her kommend, den Ostseetrog aus und beförderten neben riesigen Schutt- und Gesteinsmassen auch bernsteinführende Schichten in das nordeuropäische Flachland. So trifft man sowohl in den verschiedenen unterschiedlich alten eiszeitlichen Ablagerungen auf Bernstein als auch im Spülsaum der Nord- und Ostsee, wo nach stürmischem Wetter der leichte Bernstein vom Meeresboden nach oben getrieben und an die Strände gespült wird.

Vom »Bernsteinbaum« im Bernstein-Urwald

Sehr wahrscheinlich war der europäische Kontinent im Alttertiär, wo es die klimatischen Verhältnisse zuließen, von Wäldern bedeckt, und nichts spricht dagegen, dass auch harzproduzierende Bäume weit verbreitet waren. Es ist mithin davon auszugehen, dass die Bernstein-Urwälder über einen Zeitraum von mehreren Millionen Jahren bestanden und immense Mengen von Harz ausgeschieden haben müssen, von denen jedoch nur ein Bruchteil als Bernstein überliefert ist. Doch welche Bäume waren es, die das Harz für den Bernstein hervorbrachten? Da harzproduzierende Gewebe im fossilen Kiefernholz nachgewiesen wurden, gehen wir von Kiefern aus. Allerdings gibt es auch berechtigte Zweifel an dieser These, weil gerade Kiefernzapfen und -nadeln im Baltischen Bernstein ausgesprochen selten sind, obwohl man doch annehmen sollte, dass der Boden eines Kiefernwaldes mit Nadeln und Zapfen bedeckt ist. Andererseits weisen mikroskopische Untersuchungen der Pollenkörner im Baltischen Bernstein eindeutig auf Kieferngewächse hin, deren Pollenkörner durch zwei charakteristische Luftsäcke leicht zu erkennen sind. Auch Tiere, die im Bernstein vorkommen und zu den Rindenbewohnern des harzproduzierenden Bernsteinbaumes gehören, tragen durch Rückschluss auf die Lebensweise ihrer heutigen Verwandten zum Nachweis bei, dass eine fossile Kiefer tatsächlich der harzproduzierende Baum des Bernsteinwaldes gewesen sein muss.

Von Sternhaaren und Waldgesellschaften im Baltischen Bernsteinwald

Der eozäne Bernsteinwald war offensichtlich auch reich an Eichenbeständen. Dies belegen große Mengen so genannter Sternhaare, die in fast jedem zweiten Inklusenstein enthalten sind. Sternhaare stammen von Eichen, deren junge Knospen, Blütenstände und frische Blätter dicht und fein behaart sind. Dieser Sternhaar-Filz dient dem Schutz junger Triebe und löst sich ab, sobald seine schützende Funktion nicht mehr nötig ist. Die Sternhaare, die vom Wind auf frisches Harz geweht wurden, blieben unter günstigen Umständen im Bernstein erhalten, und da weltweit in keinem anderen Bernstein Sternhaare vorkommen, sind sie stets ein sicheres Indiz für den Baltischen Bernstein.

Eichen sind sommergrüne und immergrüne Waldbäume – heute sind sie mit weit über zweihundert Arten auf der Erde verbreitet –, die die nördlichn Breiten bevorzugen, jedoch auch in Südasien vorkommen, da wärmeliebendere Arten stets nach Süden tendieren. Die immergrünen subtropischen Eichenbäume des Bernsteinwaldes sorgten dafür, dass die Luft ständig von Sternhaaren erfüllt war. Zwar stellten Eichen neben Kiefern die dominierenden Bäume, doch auch Buchen, Kastanien, Ahorn und weitere Baum- und Straucharten wie Ulmen, Linden und Weiden fehlten als Begleitflora nicht. Der Botaniker Kurt Schubert zeigte 1961 mit seinen paläobotanischen Untersuchungen, dass sich der Baltische Bernsteinwald höchstwahrscheinlich in mindestens drei Waldgesellschaften aufteilte, die lokal an Klima und Landschaft unterschiedlich angepasst

von links nach rechts Männlicher Kiefernzapfen; Eichenblüte; Kiefernpollen; behaarte Eichenschuppe; Sternhaare

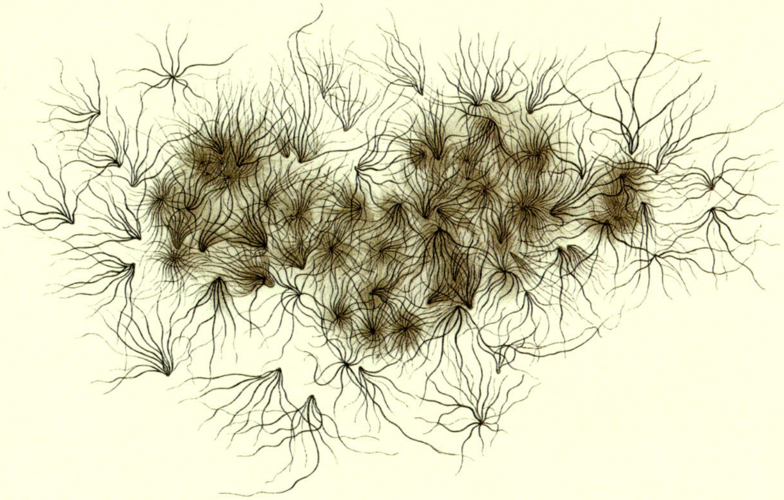

oben Sternhaare; Tafel IV aus H. W. Conwentz' *Die Flora des Bernsteins*, Danzig 1886
rechts Rosengleich verzauberte Blüte

waren. So gab es neben Kiefern-Eichen-Mischwäldern auch Savannenwälder mit Kiefern und Palmen – hauptsächlich Fächer- und Dattelpalmen –, und entlang der Flussläufe gediehen Kiefern-Hartlaub-Mischwälder mit Zypressen und Sumpfzypressen. Hartlaubgewächse und vor allem verschiedene Palmenarten in Nordeuropa muten aus heutiger Sicht sehr fremdartig an, doch weisen gerade sie darauf hin, dass die alttertiären Bernsteinwälder mit keiner der heutigen europäischen Waldgesellschaften vergleichbar sind.

Wie entsteht ein Inklusenstein?

Bernsteinsammler an den Küsten der Nord- und Ostsee berichten, dass sie besonders nach heftigen Stürmen vereinzelt Bernsteine im Spülsaum finden, aber nur etwa jedes tausendste Fundstück einen Einschluss enthält. Nahezu achtzig Prozent der Harze bilden sich während der Wachstumsphase der Bäume im Kernholz und unter der Rinde. Aus diesen intern gebildeten Harzen entstand trüber, gelber Bernstein, der naturgemäß frei von Inklusen – also von Einschlüssen fossiler Organismen –

ist, da er nicht mit der Außenwelt in Kontakt kam. Bernstein mit Inklusen entstand durch externe Harzausscheidungen aus Wunden an der Baumrinde. Wir vermuten, dass auch diese anfänglich durch mikroskopisch kleine Bläschen mit Pflanzensäften getrübt waren. Durch intensive Sonneneinstrahlung wurde das Harz erwärmt und schließlich klar. Wenn nun Harz aus einer einzigen Quelle in mehreren zeitlich unterbrochenen Schüben an der Baumrinde herabfloss, entstand ein geschichteter Stein. Dieser Steintypus wird auch als Schlaube oder, wegen seines Reichtums an Einschlüssen, als Inklusenstein bezeichnet. Die Mehrzahl aller pflanzlichen und tierischen Einschlüsse befindet sich auf den Schichtgrenzen der verschiedenen Harzflüsse.

Charakteristische Inklusen des Baltischen Bernsteins

Eine erstaunliche Vielfalt kleiner geflügelter Insekten, die aus dem Unterholz der Bernsteinkiefern und nahen Waldlichtungen sowie von den zahlreichen Fließ- und Stillgewässern des Bernsteinwaldes stammen, macht etwa zwei Drittel aller Einschlüsse des Baltischen Bernsteins aus. Sicherlich wurden nahezu alle flugfähigen Insekten vom Duft und Glanz des Baumharzes angezogen, da die leuchtend gelben Harzflächen wie »Lichtfallen« gewirkt haben müssen und zusammen mit dem aromatischen Duft des frischen Harzes einen regelrechten »Fliegenfängereffekt« hatten.

Weitere besonders charakteristische Inklusen stammen von den Rindenbewohnern der Bernsteinkiefer, die, gleich den flugfähigen Insekten, den Verlockungen des Harzes erlagen und stammauf- und stammabwärts seinem Duft folgten. Andere Vertreter der Rindenfauna wurden vom dünnflüssiger als Honig herabfließenden Harz überrascht. Stellenweise breitete sich das Baumharz auch am Fuße der Bernsteinkiefern aus und schloss so auf dem Boden lebende Tiere und kleine Pflanzen ein. Die selten gefundenen Haare und Federn unbekannter Wirbeltiere dürften einfach vom Wind ans Harz geweht worden sein, ebenso wie viele pflanzliche Inklusen, etwa Blätter, Knospen, Blüten, Pollenkörner, Samen und natürlich die typischen Sternhaare der Eichen.

Klimaveränderungen und Untergang des Baltischen Bernsteinwaldes

Dass unsere Kenntnisse über die Entwicklung der klimatischen Veränderungen im Laufe der Erdgeschichte in den letzten Jahrzehnten sprunghaft gewachsen sind, verdanken wir Sauerstoffisotop-Messungen, die inzwischen

Eine Mücke steckt im Harz fest.

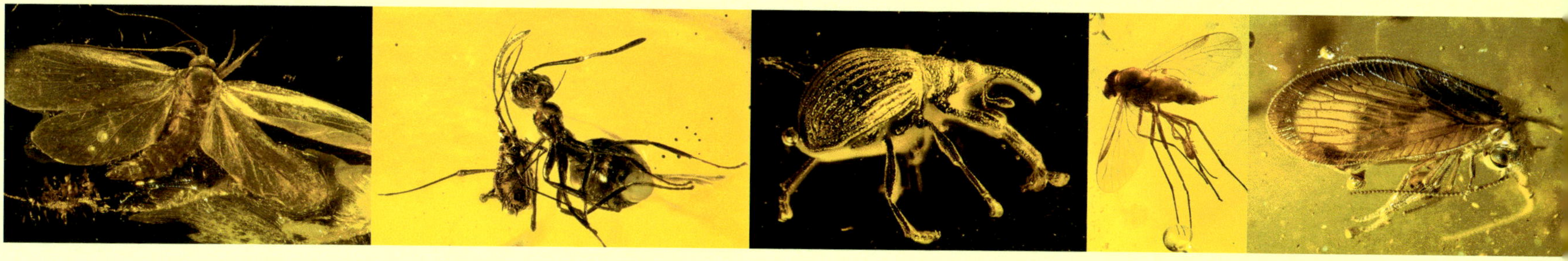

von links nach rechts Bernsteininsekten: ein Schmetterling; eine Symbiose aus Blattlaus und Ameise; ein Rüsselkäfer; eine Schnepfenfliege mit Moosskorpion; eine Schlammfliege

verlässliche Angaben über die »Paläo«-Temperaturen ermöglichen. So deuten die globalen Temperaturkurven von Beginn des Erdmittelalters, des Mesozoikum, bis in die ausgehende Erdneuzeit, des Känozoikum, auf ein deutlich wärmeres Klima hin als wir es heute kennen. Die Polkappen der Erde waren eisfrei, die Temperaturdifferenzen in Nord-Süd-Richtung sehr viel geringer und die Klimagürtel der Erde weitaus weniger markant. Wärmeliebende Lebensformen besiedelten ein ausgedehntes Areal beiderseits des Äquators bis in die hohen Breitengrade, und die uns aus dem eozänen Baltischen Bernsteinwald Nordeuropas überlieferte Tier- und Pflanzenwelt passt mit ihrem subtropisch-tropischen Charakter gut in dieses Klimabild. Erst mit dem Ende des Eozäns, vor knapp 40 Millionen Jahren, erfolgte eine mit den ersten Eisbildungen am Südpol einhergehende drastische globale Abkühlung, verbunden mit einem erheblichen Rückgang der jährlichen Niederschläge. Damit verschoben sich die Klimagürtel in Äquatorrichtung, und ihre Unterschiede wurden schärfer. Subtropisch-tropische Faunen und Floren versuchten nach Süden hin auszuweichen und verschwanden aus den hohen Breitengraden; ein großer Teil der Gattungen und Arten starb aus, ein anderer Teil passte sich den veränderten Gegebenheiten an und besiedelte frei gewordene Lebensräume. Diese einschneidende Klimaveränderung bewirkte bei Pflanzen und Tieren einen enormen Selektionsdruck und bedeutete offenbar auch das Ende des Baltischen Bernsteinwaldes.

Bernsteinforschung im 18. und 19. Jahrhundert

Die uns in den Inklusen überlieferte Tier- und Pflanzenwelt hat die Bernsteinforscher schon von Beginn an vor zahlreiche, scheinbar unlösbare Fragen gestellt. Besonders irritiert hat die Zusammensetzung der im Baltischen Bernstein dokumentierten Lebenswelt, die aus heutiger Sicht eine kuriose Mischung gemäßigter, subtropischer und tropischer Lebensformen ist. Und wie war die Existenz von Palmen, Geckos, Termiten und Stabheuschrecken im hohen Norden Europas zu erklären? Als erster Bernsteinforscher gilt der Arzt und Naturkundler Nathanael Sendel (1686–1757), der 1742 in seinem Werk *Historia succinorum corpora aliena involventium et naturae opere pictorum et caelatorum* Einschlüsse von

Pflanzen und Tieren im Bernstein sorgfältig beschrieb und auf dreizehn Kupfertafeln übersichtlich darstellte. Die Grundlage dafür bildete das von August dem Starken 1728 begründete Mineralien- und Naturalienkabinett im Dresdener Zwinger, dessen Bernsteinsammlung 1849 unglücklicherweise bei einem Brand zerstört wurde. Sendel zufolge beherbergte das Kabinett auch drei außergewöhnliche, zu Schmuckstücken verarbeitete Bernsteine mit einem kleinen Fisch sowie zwei Fröschen. Es handelt sich hierbei zweifelsfrei um Fälschungen, denn zum einen ist auszuschließen, dass Fische überhaupt in Bernstein eingebettet werden konnten – auch Frösche sind aus dem Baltischen Bernstein bis heute nicht bekannt –, und zum anderen waren der Fisch und die zwei Frösche in den Schmucksteinen so wunderschön positioniert und so vollkommen erhalten, dass jeder Zweifel an der Echtheit gerechtfertigt ist. Für Fälschungen wurden Bernsteinschlauben aufgespalten, ausgehöhlt, mit extravaganten Tieren und zähflüssigem Harz aufgefüllt und wieder verklebt.

Tafel III aus H. W. Conwentz' *Die Flora des Bernsteins*, Danzig 1886

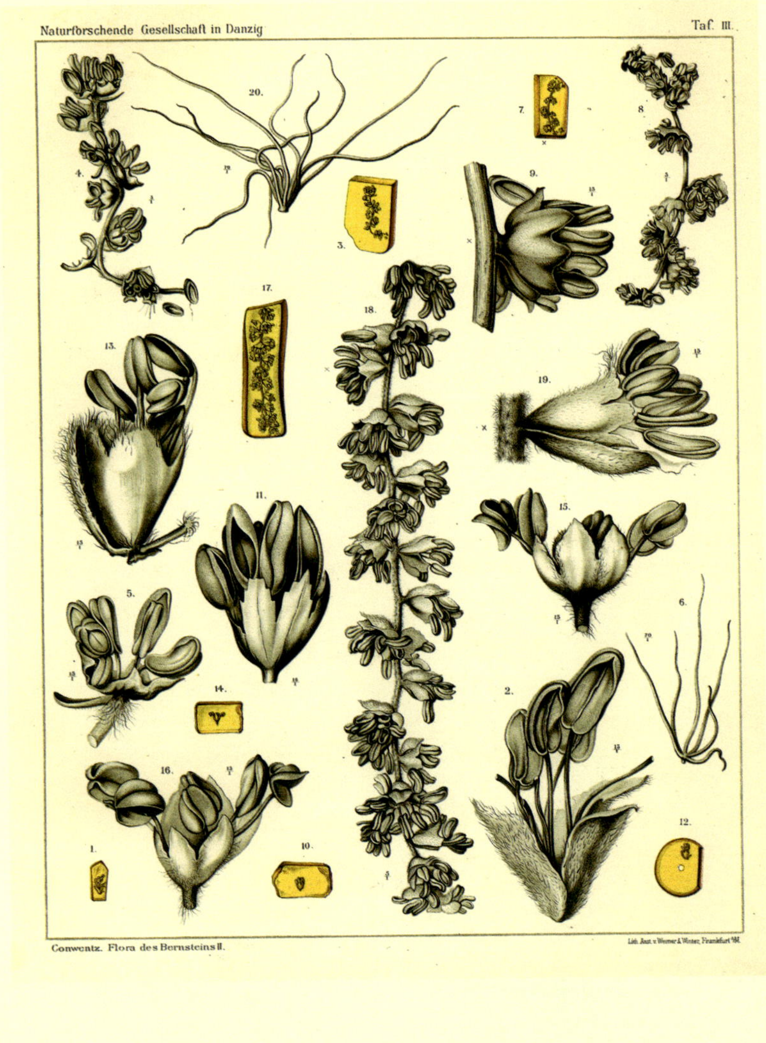

Im 18. Jahrhundert waren Naturaliensammlungen mit Kuriositäten so heiß begehrt, dass über Fälschungen jeder Art gerne hinweggesehen wurde. Doch bereits im 19. Jahrhundert setzte die seriöse wissenschaftliche Auseinandersetzung mit dem Baltischen Bernstein und seinen Einschlüssen ein. Der Arzt und Bernsteinforscher Georg Carl Berendt (1790–1850) gab in Königsberg zwischen 1845 und posthum 1856 ein hervorragendes, zweibändiges wissenschaftliches Werk heraus, dass die im Bernstein befindlichen organischen Reste der Vorwelt – so der Titel – beschrieb und auf zweiunddreißig Tafeln darstellte. Die berühmten Paläobotaniker Heinrich R. Goeppert (1800–1884), Robert Caspary (1818–1887) und Hugo Wilhelm Conwentz (1855–1922) haben in großartigen Monographien über die Flora des Baltischen Bernsteins berichtet. So führten zum Beispiel Studien von Conwentz 1890 zu dem Ergebnis, dass unter den wenigen und inzwischen ausgestorbenen Kiefern-Arten des

Bernsteinkuriositäten; Tafel VI aus Natanael Sendels Bernsteinbuch von 1742

Bernsteinwaldes Pinus succinifera als Harzproduzent für den Baltischen Bernstein in Frage kommt. Mit ihren Arbeiten schufen diese Wissenschaftler die Grundlagen der immer weiter fortschreitenden Kenntnisse über die Flora des Baltischen Bernsteinwaldes.

Bernsteinforschung heute

Die Basis der Bernsteinforschung bildet noch heute die von dem britischen Geologen Charles Lyell (1797–1875) entwickelte Methode des Aktualismus (Aktualitätsprinzip), nach der die Gegenwart als Schlüssel zur Vergangenheit betrachtet wird und nach der unter nah verwandten Tieren fossile Arten mit rezenten, noch heute existierenden, Arten in ihrer Lebensweise verglichen werden können. Nach diesem Aktualitätsprinzip folgerte 1912 auch der Entomologe (Insektenforscher) Georg Ulmer, dass der Bernsteinwald dicht durchzogen war von kleinen und großen Flüssen, denn er fand in den Bernsteinen eine hohe Zahl von Wasserinsekten und vor allem von Köcherfliegen, die heutigen Arten nah verwandt sind und deren Larven überwiegend in Fließgewässern leben. Die moderne Bernsteinforschung ist eine koordinierte Zusammenarbeit von Geologen, Paläontologen, Zoologen, Limnologen und Botanikern und liefert wichtige Informationen über das Ökosystem des alttertiären Bernsteinwaldes, die ursprüngliche Landschaft und die damaligen klimatischen Verhältnisse.

Aktuelle Ereignisse aus jüngster Zeit haben eine Art Bernstein-Renaissance bewirkt, die bis heute anhält. So ist Bernstein seit der neuerlichen Öffnung der politischen Grenzen zum östlichen Europa für westeuropäische Institute und Wissenschaftler wieder leichter zugänglich, und eine nicht erwartete Vielfalt an bisher unbekannten, hochinteressanten Fossilien hat die Bernsteinforschung wiederbelebt. Wie in einem großen paläontologischen Puzzle werden nun alle Einzelergebnisse zusammengefügt, bis wir die verborgene Welt des Bernsteinwaldes vor mehr als 50 Millionen Jahren schön und klar erkennen können.

»Im phaethontischen Tropfen verborgen erblickt

man die Biene, klar, als hüllete sanft eigener Honig sie ein.

Würdigen Lohn wohl trug sie davon für das Leben voll Arbeit:

Glauben möcht' man, dass so selbst sie zu sterben gewünscht.«

Martial (38–102 n. Chr.)

Inklusensteine – goldene Gräber

Die Mehrzahl aller im Baltischen Bernstein eingeschlossenen Tiere ist klein; mit Körpergrößen zwischen 1 bis 5 mm und etwa fünfundvierzig Prozent aller Insekteninklusen bilden Fliegen und Mücken der sehr arten- und individuenreichen Insektenordnung der Zweiflügler oder Diptera die häufigste Gruppe. Angelockt vom Duft und Glanz der Baumharze, landeten sie zielsicher auf der klebrigen Masse und gingen so in den sicheren Tod, denn steckten sie mit ihren Beinen erst einmal im Harz fest, versanken sie bei jedem Versuch, sich zu befreien, immer tiefer darin; der aussichtslose Kampf endete oft erst durch den nächsten Harzfluss, der sie vollständig in ihr goldenes Grab einbettete.

Nicht einmal selten finden sich auch kopulierende Fliegen- und Mückenpaare im Baltischen Bernstein. Bei ihren so genannten Hochzeitsflügen tanzen sie in riesigen Schwärmen; diese Schwärme können auch heute so groß sein, dass sie aus der Ferne wie aufsteigende Rauchschwaden wirken. Anfangs bestehen die Schwärme oft nur aus Männchen, bis dann endlich die Weibchen einfliegen und schnurstracks von den Männchen zur Begattung ergriffen werden. Offenbar wurden viele Paare bei ihrem Hochzeitsflug vom Wind abgetrieben und gelangten so unbeabsichtigt in das Baumharz, das ihren Brauttanz für die Ewigkeit festhielt.

Vereinzelt dokumentieren Bernsteineinschlüsse sogar, dass die im Harz festsitzenden Insekten noch zur Beute anderer wurden, bevor der nächste Harzfluss die Tiere endgültig einhüllte. Bei den Opfern handelt es sich zumeist um größere Insekten, wie Köcherfliegen oder Termiten, deren Chitinpanzer auf dem Rücken des Brustabschnitts geöffnet und deren Bein- und Flügelmuskeln ausgefressen worden sind; die Fraßlöcher wurden dann mit nachfolgendem Harz gefüllt. Lange hat man über die Identität der Räuber gerätselt und sogar Vögel als die Verantwortlichen vermutet, doch durch neue Inklusenfunde, in denen Räuber und Opfer gemeinsam eingebettet sind, konnten die wahren Täter endlich entlarvt werden: Ameisen. Offenkundig haben die am Bernsteinbaum lebenden Ameisen die gehärteten und damit begehbaren Harzoberflächen als willkommene Jagdgründe nach Beute abgesucht.

vorherige Seite Diese Biene hört auf den schönen Namen Ctenoplectrella viridiceps (Hymenoptera, Apoidea: Megachilidae)
oben Ein goldenes Grab für die Ewigkeit: ein Käfer aus den Tropen (Coleoptera: Cupedidae)

In einer Bernsteinschlaube können nicht nur einzelne, sondern auch mehrere Fossilien gemeinsam eingeschlossen sein. Diese so genannten Syninklusen bilden dann eine Grabgemeinschaft, die Taphozönose, die sich aus sehr verschiedenen fossilen Organismen zusammensetzen kann. Entstammen diese alle einer einzigen Lebensgemeinschaft, Biozönose genannt, zum Beispiel ausschließlich der Rindenfauna des Bernsteinbaumes, so spricht man von einer homogenen Grabgemeinschaft. Im Bernstein häufiger sind jedoch heterogene Grabgemeinschaften, die sich aus Organismen verschiedener Lebensgemeinschaften zusammensetzen. Angelockt vom Duft und Glanz des Harzes geraten zahlreiche Insekten aus unterschiedlichen Lebensräumen in die Harzfallen, wo sie zusammen mit den Rinden- oder Bodentieren des Bernsteinbaumes eingeschlossen werden können. Schließlich können angewehte Federn, Blüten und Blätter eine heterogene Grabgemeinschaft ergänzen.

links Illustration einer Stelzenmücke (Diptera: Limoniidae)
rechts Die anmutige Stelzenmücke (Diptera: Limoniidae) ist ein besonders schönes Beispiel für den Artenreichtum der Fliegen und Mücken im Baltischen Bernstein.

Tod beim Hochzeitsflug

Viele Mücken und Fliegen finden sich in riesigen Schwärmen zu Hochzeitsflügen ein; dabei können kopulierende Pärchen schnell einmal vom Wind in frisches Harz geweht worden sein.

oben Kopulierendes Langbeinfliegenpärchen (Diptera: Dolichopodidae) in A-tergo-Stellung (vom Rücken her)
mitte Kopulierendes Pilzmückenpärchen (Diptera: Mycetophilidae) in End-to-end-Stellung
unten Kopulierendes Gnitzenpärchen (Diptera: Ceratopogonidae) in Face-to-face-Stellung

Groß und klein
In der Vergrößerung entdeckt man zwischen den Beinen der Stelzenmücke (Diptera: Limoniidae) einen der kleinsten Hautflügler, die Zwergwespe (Hymenoptera: Mymarommatidae).

Vergebliche Befreiungsversuche

Eine Mücke steckt im Harz fest, und der nächste Harzfluss lässt auf sich warten. In der Zwischenzeit haben Pilzfäden die Mücke fast bis zur Unkenntlichkeit überzogen. Die zeitlichen Abstände einzelner Harzflüsse sind im Allgemeinen kurz, wahrscheinlich nur wenige Minuten oder Stunden, daher entdeckt man nur sehr selten »verpilzte« Tiere im Bernstein. Die Verpilzung weist darauf hin, dass das Tier ausnahmsweise längere Zeit mit den Füßen im Harz steckte, sein Körper jedoch feuchter Luft ausgesetzt war und dadurch von Pilzhyphen überzogen werden konnte. Vermutlich fand der nächste Harzfluss, der es vollständig und dauerhaft einbettete, erst nach einigen Tagen statt. Größere Tiere, wie zum Beispiel Libellen, konnten sich in der Regel aus eigener Kraft aus dem klebrigen Harz befreien, haben jedoch oft Spuren in Form von isolierten Flügeln oder einzelnen Extremitäten hinterlassen. Vollständig und gut erhalten sind meistens nur kleine Tiere, wie Mücken, Fliegen und kleine Wespen.

links Pilzmücke (Diptera: Mycetophilidae); mit Pilzfäden vernetzt
rechts Vergeblicher Befreiungskampf einer Trauermücke (Diptera: Sciaridae)

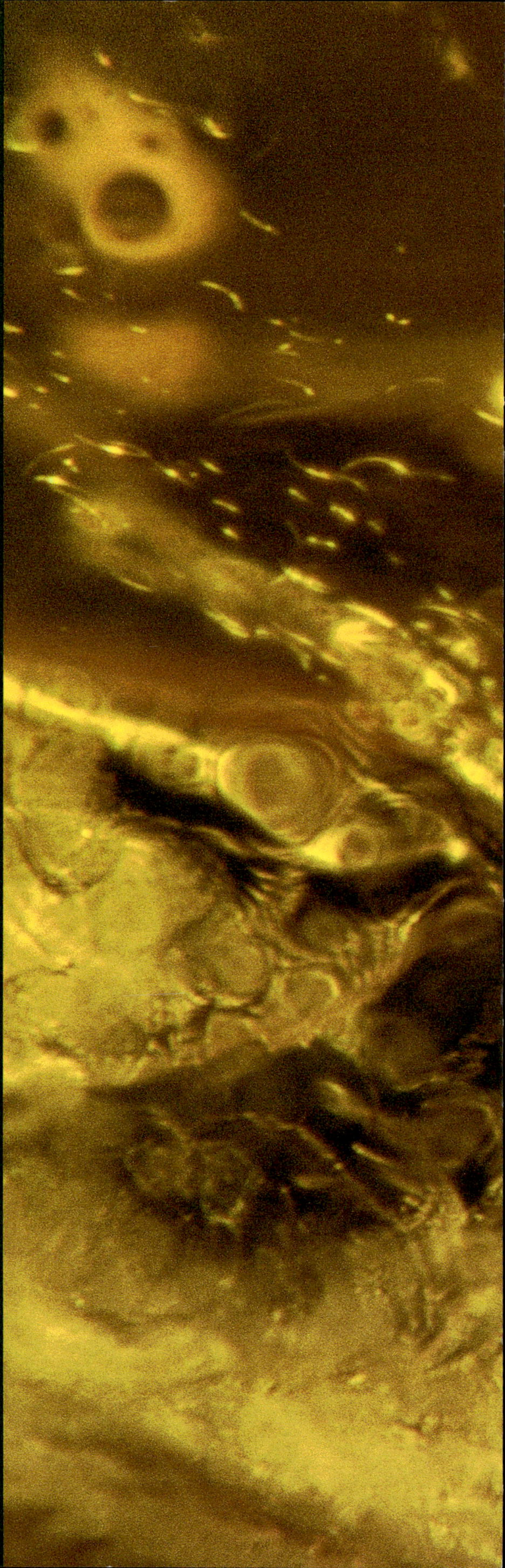

links Eine räuberische Ameise (Hymenoptera: Formicidae), die die Harzfalle als Jagdgrund genutzt hat, ragt aus dem angefressenen Augenpaar einer Bremse (Diptera: Tabanidae) heraus.
rechts Regelmäßig weisen größere Insekten, wie diese Köcherfliege (Trichoptera: Polycentropodidae), Fraßlöcher in der Brust auf – genau dort, wo die Muskeln der Flügel und Beine sitzen.

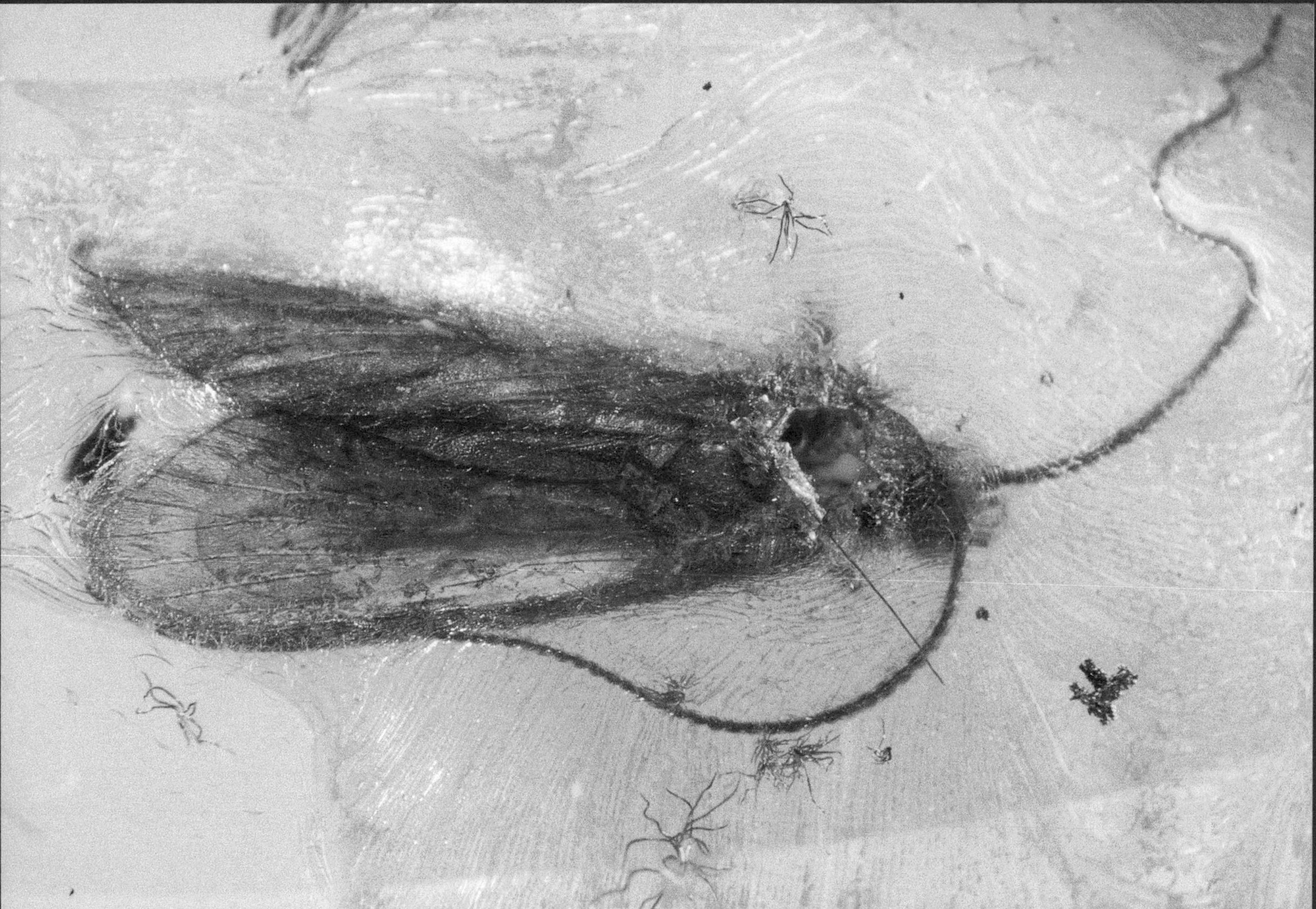

Grabgemeinschaften im Bernstein

Dieser Syninklusenstein, ein Stein, in dem mehrere Fossilien eingeschlossen sind, zeigt eine bunte Mischung aus geflügelten Insekten sowie Rinden- und Bodentieren und angewehten Pflanzenteilen, einschließlich der allgegenwärtigen Sternhaare von Eichen. In der Mitte befindet sich eine stattliche Schnepfenfliege (Diptera: Rhagionidae) umgeben von siebzehn Tanzfliegen (Diptera: Empididae), sieben Langbeinfliegen (Diptera: Dolichopodidae), mehreren Mücken (Diptera: Sciaridae), einer Blattlaus-Larve (Aphidoidea), sieben Milben (Acari), einer jungen Spinne (Araneae), zwei Springschwänzen (Collembola), zwei Käfern, einer von beiden ist ein Hakenkäfer (Coleoptera: Dryopidae), und zwei Köcherfliegen (Trichoptera: Polycentropodidae und Helicopsychidae). Insgesamt besteht diese heterogene Grabgemeinschaft, auch Taphozönose genannt, aus siebenundvierzig Tieren der verschiedenen Lebensräume und Habitate des Baltischen Bernsteinwaldes.

»Während eine Ameise kroch im Schatten des Phaethonbaumes, schloss ein Tropfen des Saftes sich um das zierliche Tier. So wurde sie, die verachtet, solange ihr Leben noch währte, jetzt zum kostbaren Stück wegen der Art ihres Grabes.«

Martial (38–102 n. Chr.)

Szenen aus dem Bernsteinwald

Der Baltische Bernsteinwald war ein unberührter, ganz sich selbst überlassener Urwald. Große Totholzmengen umgefallener und abgestorbener Bäume prägten den Unterwuchs ebenso wie die zahlreichen Kräuter und Sträucher der lichten Waldpartien. Dem Totholz kommt in jedem Waldökosystem eine große Bedeutung zu, ist es doch gleichzeitig Nahrung, Schutz, Brut- und Wohnhöhle der Waldbodenfauna. Außerdem treiben Tiere als Totholz-Zersetzer den Abbau der abgestorbenen Biomasse voran und setzen auf diesem Wege die von der lebenden Pflanze gebundenen Nährstoffe wieder frei. Im alttertiären Bernsteinwald jedoch spielte Totholz eine besonders wichtige Rolle, denn während die umgefallenen harzenden Bernsteinbäume verrotteten, wurde mit fortschreitender Zersetzung des Holzes das verfestigte Harz, das im Kernholz und unter der Rinde eingeschlossen war und auf Stamm, Ästen und Zweigen klebte, allmählich freigesetzt und somit die Voraussetzung für die Bernsteinwerdung des Harzes geschaffen. Zahlreiche Tiere und niedere Pflanzen können nur dort überleben, wo Totholz verrottet und ein feuchtes Klima einkehrt. Hierzu gehört die gesamte Lebensgemeinschaft des Totholzes, nämlich Schnecken, Würmer, Spinnen, Tausendfüßer sowie eine große Zahl von Insekten. Unter diesen überwiegen Mücken- und Fliegenlarven sowie diverse Käferarten und ihre Larven.

Die Rindenfauna wiederum ist eine Gemeinschaft von Tieren, die auf, in oder unter der Rinde lebt. Zu ihr gehören zum Beispiel Borkenkäfer, Pochkäfer, Rindenwanzen, Rindenläuse, Tausendfüßer, Pinselfüßer, köchertragende Schmetterlingslarven und Dipterenlarven. Die Mehrzahl der Rindenbewohner besteht aus Pflanzenfressern und ernährt sich von Rinde, Holz und Baumsäften oder von Algen, Pilzen, Flechten und den Moosen, die am Stamm wachsen. Diese auf der Baumrinde lebenden, also epiphytischen, Pflanzen kommen nicht auf allen Bäumen in gleichem Maße vor, sondern sind in unterschiedlichen Waldregionen auf verschiedene Baumstämme verteilt. Ursachen dafür sind die Oberflächenstrukturen verschiedener Rinden und ihre chemisch-physikalischen Eigenschaften, wie zum Beispiel der pH-Wert, sowie klimatische Faktoren, denn Licht und Schatten beeinflussen die lichtabhängige Photosynthese der Algen, Moose und aller höheren Pflanzen. So ist die der Sonne zugewandte Seite eines Baumstammes stets grüner als ihre gegenüberliegende, wenn gleichzeitig hinreichend Feuchtigkeit vorhanden ist. Daher sind auf der grünen Seite des Stammes die Pflanzenfresser – und in deren Gefolge natürlich auch die Räuber – zahlreicher

vorherige Seite Fast futuristisch mutet der Kopf der kleinen Drüsenameise Gesomyrmex hoernesi (Hymenoptera: Formicidae) an.
rechts Die goldene Behausung einer Landlungenschnecke (Gastropoda: Pulmonata)

als auf der Schattenseite. Rindenbewohnende Tiere passen sich epiphytischen Pflanzen überaus sensibel an. Laubbäume haben demzufolge eine andere Rindenfauna als Nadelbäume und unter den Nadelbäumen haben Kiefern wiederum eine spezifische Fauna.

Auch Doppelfüßer (Myriapoda: Diplopoda) kommen gelegentlich unter der Rinde und an morschen Baumstämmen vor, aber nur wenige Arten leben ausschließlich an der Baumrinde. Im deutlichen Gegensatz zu den räuberischen Hundertfüßern (Myriapoda: Chilopoda) ernähren sich die Doppelfüßer ausschließlich von pflanzlichen Substanzen. Viele bevorzugen als Algenfresser Baumrinden, wo sie nicht selten in Scharen auftreten. Gemeinsam mit Asseln, Schaben, Springschwänzen, Milben und Würmern erfüllen sie eine wichtige Aufgabe beim Abbau von Falllaub sowie anderer Pflanzenteile und tragen auf ihre Weise zur Humusbildung bei. Die nachtaktiven Hundertfüßer wiederum sind ein wichtiges Regulativ in der Populationsdynamik der Bodenorganismen, denn sie jagen nach Opfern im vermodernden Holz und dort, wo Moospolster den unteren Stamm der Waldbäume bekleiden. Sie beteiligen sich als Räuber am Konsumenten-Nahrungsnetz des Bodens.

Von Regenwürmern und mikroskopisch kleinen Fadenwürmern, den im Boden lebenden so genannten euedaphischen Tieren, soll hier nicht die Rede sein, sondern von den quirligen auf dem Boden lebenden, epedaphischen Gliedertieren, die mit den Insekten, Tausendfüßern, Krebsen und Spinnentieren sehr häufig im Bernstein vorkommen. Spinnentiere, die Arachnida, sind mit etwa zehn Prozent aller tierischen Inklusen an der Bernsteinfauna beteiligt. Sie verteilen sich auf Skorpione, Pseudo- oder Moosskorpione, Webspinnen, Walzenspinnen, Weberknechte und Milben. Milben bilden mit etwa fünfundsiebzig Prozent den Hauptanteil unter den Spinnentieren, gefolgt von den Webspinnen mit etwa einundzwanzig Prozent, höchstens vier Prozent entfallen auf Weberknechte und Pseudoskorpione. Einige außergewöhnlich schöne Inklusen von Spinnen des Baltischen Bernsteinwaldes vermitteln einen guten Einblick in die Brutbiologie vor 40 bis 50 Millionen Jahren, die bereits der heutiger Spinnen entspricht. So kennen wir Spinnengelege, Eikokons, Junglarven und als Unikat ein Muttertier beim Transport eines Kokons mit Jungspinnen.

Die höchstens 5 mm großen Milben (Acari) sind in allen Lebensräumen mit hoher Individuen- und Artenzahl vertreten. Die Häufigkeit der Milben im Bernstein steht im Zusammenhang mit der hohen Dichte, mit der sie in den oberen Bodenschichten, in der Krautschicht und an den moosüberzogenen Baumstämmen anzutreffen sind. Fast die Hälfte der weltweit verbreiteten 20 000 Milbenarten kommt am und im Boden vor. Andere Arten leben an Pflanzen, wieder andere sind Süß- und Meereswasserbewohner oder leben als Parasiten von anderen Tieren. Aus den Eiern schlüpfen Larven, die nach viermaliger Häutung über drei Nymphenstadien das erwachsene und geschlechtsreife Endstadium erreichen.

Ein räuberischer Laufkäfer
(Coleoptera: Carabidae)

Zur Fortbewegung bedienen sich Milben vorzugsweise der Phoresie, das heißt sie nutzen andere Tiere als Transportmittel; bevorzugt werden Käfer, Ameisen, Mücken und andere Gliederfüßer. Die meisten Milben lassen sich im zweiten Nymphenstadium verfrachten; sie werden deshalb auch als Wandernymphen bezeichnet. Sie klammern oder saugen sich am Körper ihrer Wirte fest und lassen sich dann später an geeigneten Plätzen wieder fallen. Selbst diese ungewöhnliche Verhaltensweise von Milben wird durch eine Anzahl von Inklusen im Baltischen Bernstein belegt.

Die lichtscheuen Asseln und Schaben mit ihren abgeflachten und breitovalen Körpern sind passende Beispiele für die Lebensformen in der Streuschicht des Waldbodens. Dort, wo sich unter den Bäumen Falllaub ansammelt und in Schichten lagert, entsteht zwischen den Blättern ein Spaltensystem, in das sich die abgeflachten Tiere leicht hineinbegeben können, um sich von Blättern und moderndem pflanzlichen Abfall zu ernähren. Als Primärzersetzer und pflanzenfressende, also phytophage, Konsumenten tragen sie mit der großen Gruppe der Springschwänze (Collembola) und Milben (Acari) zum Abbau des pflanzlichen Bestandsabfalls bei. Auch Laufkäfer und Kurzflügler leben räuberisch am Boden und jagen andere Insekten sowie Schnecken und Würmer. Einige ernähren sich auch von Pilzen und Detritus, sich zersetzendem pflanzlichen Gewebe. Weichkäfer besuchen gerne Kräuter und Waldblumen. Auf Dolden und anderen Blüten leben und paaren sich die Imagines, die ausgewachsenen geschlechtsreifen Insekten.

Im Ökosystem heutiger Wälder übernehmen Ameisen und insbesondere die Waldameisen wichtige Aufgaben zum Erhalt des biologischen Gleichgewichts. Auch in tropischen Regenwäldern sind Ameisen in allen Lebensräumen bis in die Baumkronen zu finden. Ihre allgegenwärtige und dichte Bevölkerung garantiert einerseits einen effektiven Einsatz als Insektenvertilger und verhindert damit, dass sich andere Insektenpopulationen als Schädlinge ausbreiten können. Andererseits leben Ameisen mit Insekten in Symbiose und verteidigen das Leben und den Lebensraum ihrer Partner. Unter Symbiose versteht man eine Lebensgemeinschaft mindestens zweier Tierarten, auch von Pflanzen und Tieren, die sich gegenseitig nützen. Eine besondere Form der Symbiose ist die Trophobiose, bei der zumindest einer der Partner für die Nahrung des jeweils anderen zuständig ist. Ein klassisches Beispiel aus dem Tierreich ist die symbiotische Lebensgemeinschaft von Ameisen und Blattläusen, bei der die Ameisen zu Honigtausammlern werden, indem sie die süßen Ausscheidungen der pflanzensaugenden Symbiosepartner gierig aufnehmen. Diese Rolle spielten Ameisen bereits in den eozänen Urwäldern. Inklusen des Baltischen Bernsteins belegen, dass die symbiotische Lebensgemeinschaft von Ameisen und Blattläusen bereits im eozänen Urwald Nordeuropas, vor rund 40 bis 50 Millionen Jahren, existierte.

Eine Ameise auf ihrem Weg durch eine dicht bevölkerte Milbenkolonie

Seltene Funde

Auch turmförmige und posthornähnliche Schneckengehäuse kommen – wenn auch sehr selten – im Baltischen Bernstein vor. Die Schnecken wurden nicht vom Duft und Glanz des Baumharzes angelockt, sondern in nächster Nähe eines Bernsteinbaumes von herabfließendem oder tropfendem Harz bedeckt und eingebettet. Da Schnecken auch vor 50 Millionen Jahren im feuchten Totholz gelebt haben müssen, ist es erstaunlich, dass Schneckeninklusen im Bernstein so rar sind.

---

links Turmförmiges Schließmundschneckengehäuse (Gastropoda: Clausiliidae)
rechts Posthornähnliches Gehäuse einer Landlungenschnecke (Gastropoda: Pulmonata)

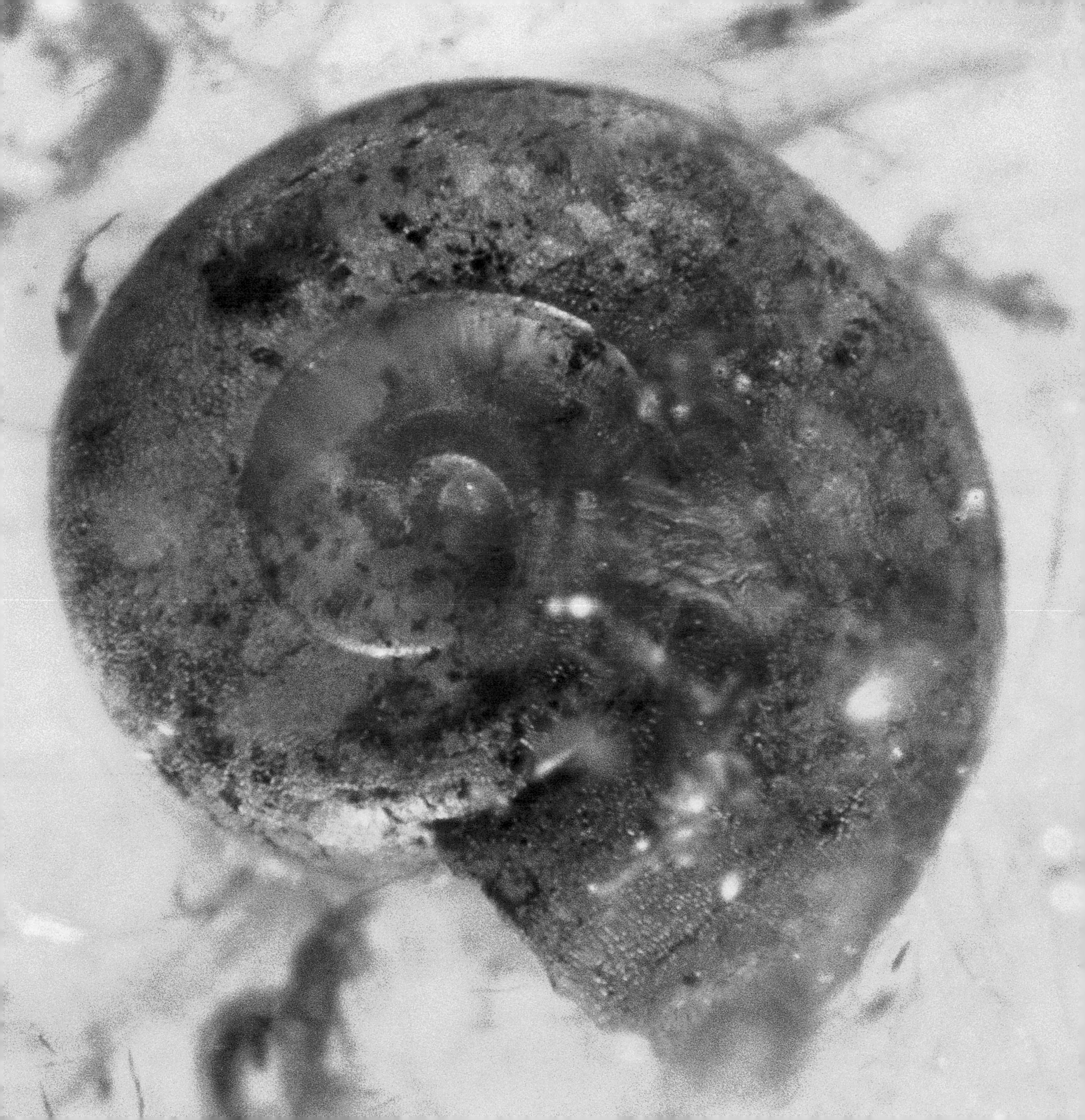

oben Baumschwammkäfer (Coleoptera: Mycetophagidae)
unten Borkenkäfer (Coleoptera: Scolytidae)
rechts Eine außergewöhnliche Schönheit: der rindenbewohnende Plattkäfer (Coleoptera: Cucujidae)

Käfer über Käfer

Die Artenvielfalt der Käfer (Coleoptera) im Baltischen Bernstein ist sehr groß, derzeit verteilen sich zweihundert beschriebene fossile Käferarten auf über siebzig Familien. Diese Zahl wird sich noch deutlich erhöhen, da bislang nur ein kleiner Teil der Bernsteinkäfer wissenschaftlich bearbeitet wurde. Hier soll eine kleine Aufzählung exemplarisch die Vielfalt der Käfer im Totholz des Bernsteinwaldes dokumentieren: Klopfkäfer, Breitrüssler, Borkenkäfer, Buntkäfer, Rindenkäfer, Plattkäfer und Baumschwammkäfer, Kurzflügler, Schnellkäfer, Glanzkäfer, Schimmelkäfer, Moderkäfer, Schwammkäfer, Stachelkäfer und natürlich Bock-, Pracht- und Rüsselkäfer.

Die kleinen, dunkel glänzenden Borkenkäfer (Scolytidae) befallen damals wie heute Nadelbäume, bohren auf der Innenseite der Rinde Gänge und legen dort ihre Eier ab. Vom Muttergang aus schaffen die geschlüpften Larven weitere Fraßgänge, an deren Ende sie sich verpuppen. Mit dem Muttergang und den seitlichen Larvengängen entstehen die typischen, fast symmetrischen Fraßbilder von Borkenkäfern. Die an Baumrinde besonders gut angepassten Plattkäfer (Cucujidae) ernähren sich von zerfallenem Holz und anderen Pflanzenmaterialien auf der Rinde, aber auch räuberisch von kleinen Rindenbewohnern. Walzenförmige Klopfkäfer (Anobiidae) bohren Gänge in und unter der Rinde, in Nadelholzzapfen und in Baumschwämmen. Viele der baumbewohnenden Käfer bevorzugen jedoch absterbende Bäume, modernde Stämme und Totholz. Sie ernähren sich vom Pilzmycel. Larven gedrungener Breitrüssler (Anthribidae) leben in Baumschwämmen und ernähren sich von verpilztem Holz, ebenso die Käfer und Larven der Baumschwammkäfer (Mycetophagidae).

Ein munterer Gesell
Rüsselkäfer unterscheiden sich markant von allen anderen Käfern durch einen mehr oder weniger stark rüsselartig vorgezogenen Kopf. An der Rüsselspitze befinden sich die kleinen Mundwerkzeuge, kurz dahinter die Antennen. Die vorgewölbten Augen sitzen an der Basis der Rüssel.

Rüsselkäfer (Coleoptera: Curculionidae) bilden heutzutage mit 50 000 Arten die größte Käferfamilie. Sie leben ausschließlich von Pflanzen, die sie als Brutstätte und als Nahrungsquelle nutzen. Entsprechend ihrer hohen Artenzahl kommen Rüsselkäfer an sehr vielen Wirtspflanzen vor, verteilt auf alle Pflanzenorgane: in Wurzeln, auf dem Stamm, unter der Rinde, an Ästen und Zweigen, auf Blättern und in Knospen und Blüten, Samen und Früchten. Auch totes Holz lassen sie nicht aus. Das große Vorkommen von Rüsselkäfern im Baltischen Bernstein deutet auf eine reiche, sehr diverse Vegetation des Bernsteinwaldes hin. Wahrscheinlich hat nur ein kleiner Teil der Rüsselkäfer die Bernsteinkiefer selbst als Wirts- und Futterpflanze genutzt, der weit größere Teil stammt aus benachbarten Lebensräumen. Die Mehrzahl der aus dem Bernstein bekannten Arten kann in noch heute lebende Gattungen eingeordnet werden.

diese Doppelseite Rüsselkäfer (Coleoptera: Curculionidae)

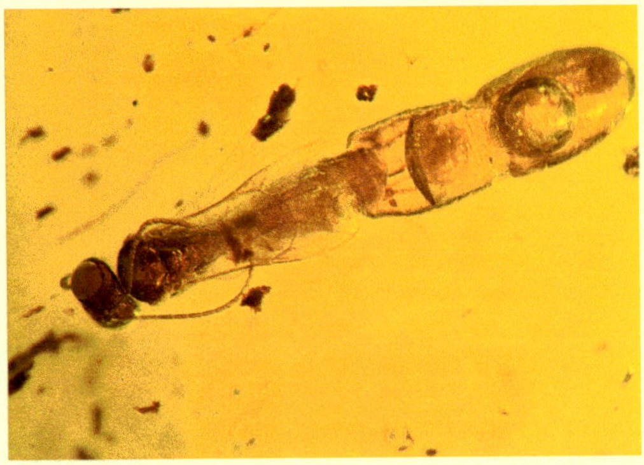

Einzigartige Momentaufnahmen

Die Puppe einer Pfriemenmücke (Diptera: Anisopodidae) und zwei Puppen, die zu den Taillenwespen (Hymenoptera: Apocrita) gehören, sind in das Harz geraten. Die Imagines bemühen sich, noch im letzten Moment aus der Puppenhülle zu schlüpfen. Doch zu spät – ein Harzguss hat die Puppenhülle und die beinah befreiten Imagines endgültig eingeschlossen. Derartige Momentaufnahmen in drei Phasen des Schlüpfvorgangs sind in der Paläontologie einmalig und machen die besondere Faszination von Bernsteininklusen aus.

oben und mitte Zwei Taillenwespen (Hymenoptera: Apocrita)
unten Pfriemenmücke (Diptera: Anisopodidae) im Schlüpfvorgang

Wundersame Metamorphosen

Wie Käfer und Schmetterlinge durchlaufen alle holometabolen Insekten, also Insekten, die einer vollständigen Verwandlung unterliegen, verschiedene Entwicklungsformen: Aus den Eiern schlüpfen Junglarven, die sich mehrmals häuten, bis sie ihre endgültige Larvengröße erreicht haben, dann folgt das Puppenstadium, in dem das Insekt gewaltige Veränderungen vorbereitet, denn im letzten Schritt der Metamorphose schlüpft aus der Puppe ein geschlechtsreifes Tier, die Imago. Puppen gehören zu den ganz seltenen Einschlüssen im Baltischen Bernstein. Bei der so genannten unvollkommenen, hemimetabolen Entwicklung fehlt das Puppenstadium. Zu den Insekten, die diese Entwicklung durchlaufen, gehören unter anderem Libellen (Odonata), Steinfliegen (Plecoptera) und Termiten (Isoptera).

Einigen Schmetterlingen oder Köcherfliegen dient während des Larven- und Puppenstadiums ein Köcher als Wohnröhre, vor allem zum Schutz vor Räubern. Die Köcher werden von den Larven gebaut, indem sie kleine Steine, Pflanzenreste und Ähnliches mit Spinnsekreten verkleben und nach artspezifischen Mustern zusammenbauen, wobei jeder Köcher ein Unikat ist. Die Larven stecken mit dem Hinterleib im Köcher, während Kopf und Beine herausragen; sobald Gefahr droht, ziehen sie sich komplett in den Köcher zurück. Die ausgewachsenen Larven heften ihre Köcher an Pflanzen oder Steinen fest und entwickeln sich in den Köchern geschützt in etwa zwei bis drei Wochen von der Puppe zur reifen Imago, zum Beispiel zu einem Schmetterling.

Verlassener Köcher einer Schmetterlingsraupe (Lepidoptera), daneben ein kleiner Moos-skorpion (Pseudoscorpiones: Neobisiidae)

Typische Rindenbewohner
Rindenläuse (Psocoptera) bewohnen insbesondere das Spaltenlabyrinth von Baumrinden. Sie verbergen sich in tiefen Spalten, leben hinter lockerer Rinde an Stämmen und Ästen und ernähren sich von Algen, Pilzen und Flechten, die auf Baumstämmen wachsen. Nur zur Nahrungsaufnahme wagen sie sich auf die Rindenoberfläche. Bereits 1911 fiel dem Entomologen Günther Enderlein auf, dass die fossilen Rindenläuse des Baltischen Bernsteins nicht mit den jetzt in Mitteleuropa heimischen Arten verwandt sind, sondern mit Formen, die heute in den Tropen und Subtropen Südasiens, Südamerikas und Afrikas leben. Mit der Klimaänderung am Ende des Eozäns und dem Rückgang der Temperaturen in Europa haben sich viele alttertiäre Rindenläuse aus dem Bernsteinwald auf südliche Regionen zurückgezogen und im Laufe weiterer rund 40 Millionen Jahre in den Tropen und Subtropen neue Formen geschaffen, die den Bernsteintieren ähnlich und nächstverwandt sind. Die Flügel weiblicher Rindenläuse sind mehr oder weniger stark zurückgebildet, bei einigen Arten fehlen sie vollständig. Die dargestellten Männchen haben hyaline, durchscheinende, Flügel mit fein gezeichneter Äderung.

links Rindenlaus (Psocoptera: Caeciliidae)
rechts Rindenlaus (Psocoptera: Psocidae)

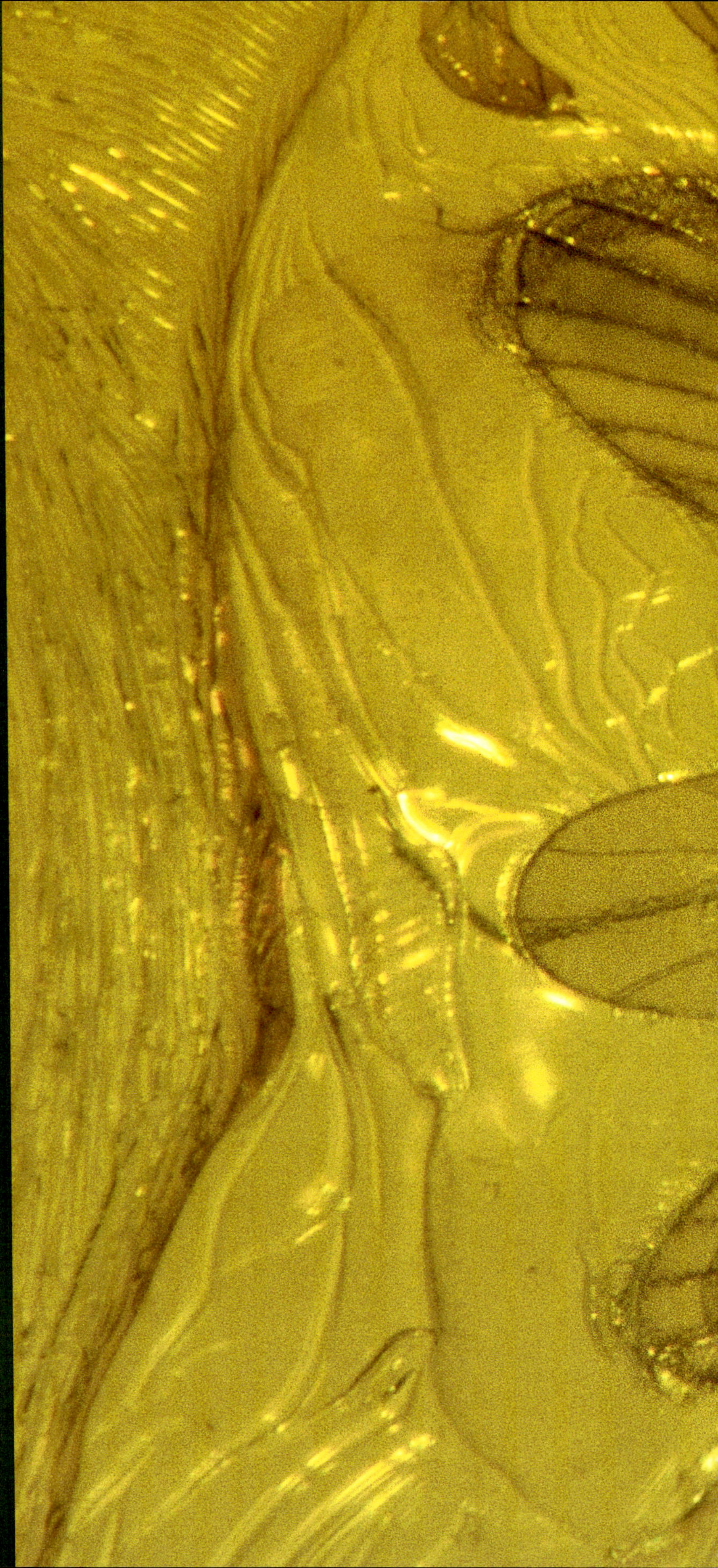

In Schönheit erstarrt – eine Rindenlaus der Gattung Empheria (Psocoptera: Trogiidae)

links Flügelloses Weibchen einer Schildlaus (Coccoidea: Ortheziidae)
rechts Männchen der Schildlaus Matsucoccu pinnatus (Coccoidea: Matsucoccidae); die Regenbogenfarben entstehen durch Interferenz an Bewegungsschlieren.

Seltene Rindenbewohner

Rindenwanzen leben in der Regel auf und unter der Rinde sowie in Rindenspalten von Nadel- und Laubbäumen, die von Baumpilzen befallen sind. Sie ernähren sich vorwiegend von Pilzfäden, die sie mit ihren Mundwerkzeugen anstechen und aussaugen. Die meisten der weltweit heute existierenden etwa 2000 Arten leben in tropischen Regenwäldern. Rindenwanzen sind im Baltischen Bernstein relativ selten zu finden. Bislang wurden nur vier Gattungen nachgewiesen: Aneurus, Aradus, Calisius, Mezira. Während die heute lebenden Arten der beiden erstgenannten Gattungen weltweit verbreitet sind, finden sich rezente Calisius- und Mezira-Arten fast ausschließlich in den Tropen und Subtropen.

links Rindenwanze Aradus sp. (Heteroptera: Aradidae)
rechts Rindenwanze Calisius weitschati (Heteroptera: Aradidae)

Soweit die Füße tragen

Unter Steinen und in der Laubstreu des Bodens verbergen sich die nachtaktiven und räuberischen Steinläufer (Chilopoda: Lithobiidae). Die Doppelfüßer (Diplopoda), auch als »Tausendfüßer« bezeichnet, leiten ihren Namen von den doppelten Beinpaaren ab, die sich an den meisten Rumpfsegmenten befinden. Bei genauerer Betrachtung bestehen die Rumpfsegmente aus zwei miteinander verschmolzenen Segmentgliedern und besitzen deshalb zwei Beinpaare pro Doppelsegment. In Wäldern unter lockerer Baumrinde und am Boden leben die pflanzenfressenden Schnurfüßer (Diplopoda: Julidae).

links Schnurfüßer (Diplopoda: Julidae)
rechts Steinläufer (Chilopoda: Lithobiidae)

links Pinselfüßer (Diplopoda: Polyxenidae); von oben betrachtet
rechts Pinselfüßer (Diplopoda: Synxenidae); von unten betrachtet

Bizarre Bewohner des Bernsteinwaldes
Die unter der Baumrinde lebenden Pinselfüßer gehören mit einer maximalen Länge von 4 mm zu den Winzlingen unter den Tausendfüßern (Diplopoda). Sie fallen durch ihre bizarren Erscheinungsformen auf. Die Gliederung ihres abgeflachten Körpers in elf Segmente wird ästhetisch durch Doppelreihen braunroter Borsten hervorgehoben, die im Bernstein die Segmentgrenzen fein nachzeichnen. Ihr Körperschmuck wird seitlich mit dichten Büscheln strahlender Fiederborsten vervollständigt. Der Kopf schließt vorne mit einem eindrucksvollen Borstensaum, vor dem die beiden Antennen vergleichsweise klein und die Augen unscheinbar wirken. Der allseitig umhüllende Körperschmuck der Pinselfüßer besteht aus einem System von Sinnesorganen, das die Tiere ihre nächste Umgebung sensibel wahrnehmen lässt. Das Körperende der Tiere ist mit einem pinselförmigen und namensgebenden Borstenschopf ausgestattet.

Die bisher aus dem Baltischen Bernstein beschriebenen Arten der Pinselfüßer lassen sich problemlos in heutige Gattungen einordnen.

Spezialisiertes Volk
Webspinnen (Araneae) dominieren im Bernstein mit ihrer großen Formenvielfalt. Neben anspruchslosen, überall vorkommenden Formen gibt es viele Gattungen, deren Arten ganz bestimmte Lebensräume und ökologische Faktoren vorziehen: steinige Trockenrasen, die Streuschicht wärmebegünstigter Wälder oder Stämme und die Kronenregion verschiedener Bäume oder den Uferbereich schattiger Gewässer. Der Anspruch mancher Gattungsvertreter ist so präzise, dass über den Nachweis einiger Gattungen im Bernstein Rückschlüsse auf bestimmte Biotope gezogen werden können.

links Beim verzweifelten Versuch sich zu befreien, zieht die Springspinne (Araneae: Salticidae) mit ihren Vorderbeinen immer größere Kreise im klebrigen Harz.
rechts Herrliches Porträt einer verlumten Springspinne (Araneae: Salticidae); die Verlumung ist eine weißliche Trübung der Inkluse, die möglicherweise durch Zersetzung und mikroskopisch kleine Bläschen entsteht.

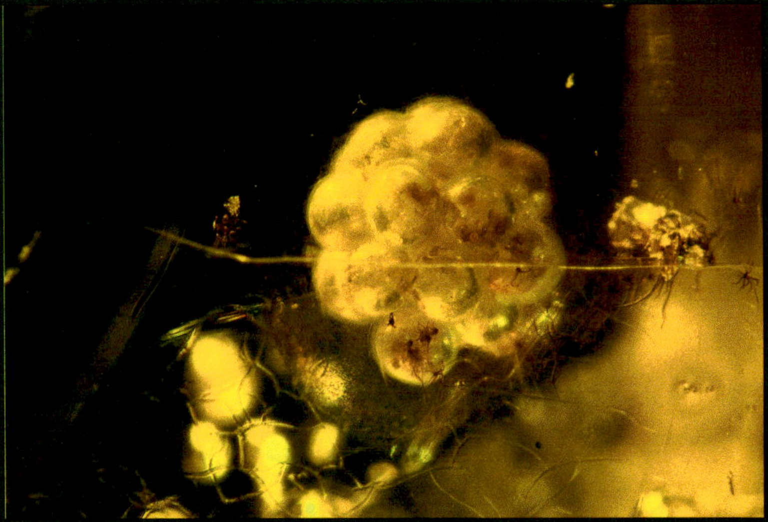

Innige Brutpflege
Spinnen kümmern sich rührend um ihren Nachwuchs. Die Weibchen der meisten Arten suchen einen geeigneten Eiablageort, verpacken das Gelege in einem schützenden Kokon und heften diesen an Pflanzen oder verstecken ihn am Boden. Manchmal wird der Eikokon mit Pflanzenteilen oder Erdkrumen getarnt. Bei einigen Spinnen, wie den Spei-, Zitter- und Höhlenspinnen, tragen die Weibchen den Eikokon mit sich herum, bis die Jungspinnen schlüpfen. In einigen Fällen gehört die Mund-zu-Mund-Fütterung mit flüssiger, vorverdauter Nahrung ebenfalls zur Brutpflege. Doch spätestens nach der ersten Häutung verlassen die Larven das Muttertier und schwärmen in die nächste Umgebung aus. Fürsorgliche Weibchen bleiben noch einige Tage in der Nähe, um die Jungspinnen zu bewachen. Bei den heute lebenden Spinnen sind Brutfürsorge und -pflege weit verbreitet und den verschiedenen Lebensbedingungen der Spinnen bewundernswert gut angepasst.

Der Bernstein liefert uns eine wunderschöne Sequenz aus den Anfängen des Spinnenlebens: vom Eierkokon über ein Gespinst bis zu den frei laufenden Jungspinnen.

links oben Das Eigelege eines Spinnenfressers (Araneae: Mimetidae) enthält undurchsichtige, frisch abgelegte Eier. Die hellen Eier sind ausgeleuchtet, der Kokon ist durchscheinend und kaum sichtbar.
links unten Frei laufende Jungspinnen
rechts Gespinst mit Jungspinnen

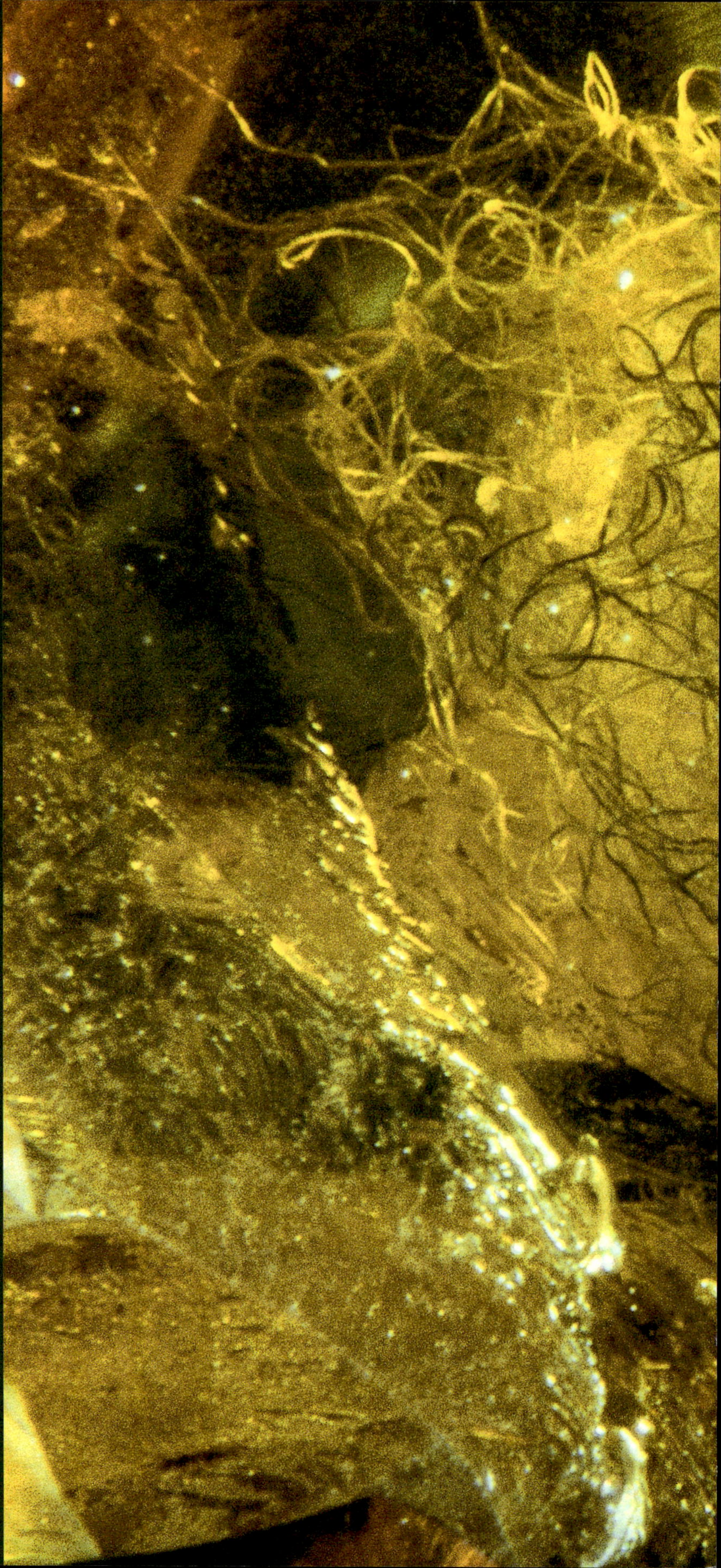

Zartes Gespinst – ein wunderschöner Spinnenkokon, umhüllt von tiefbraunen, steifen und gekräuselten Fäden

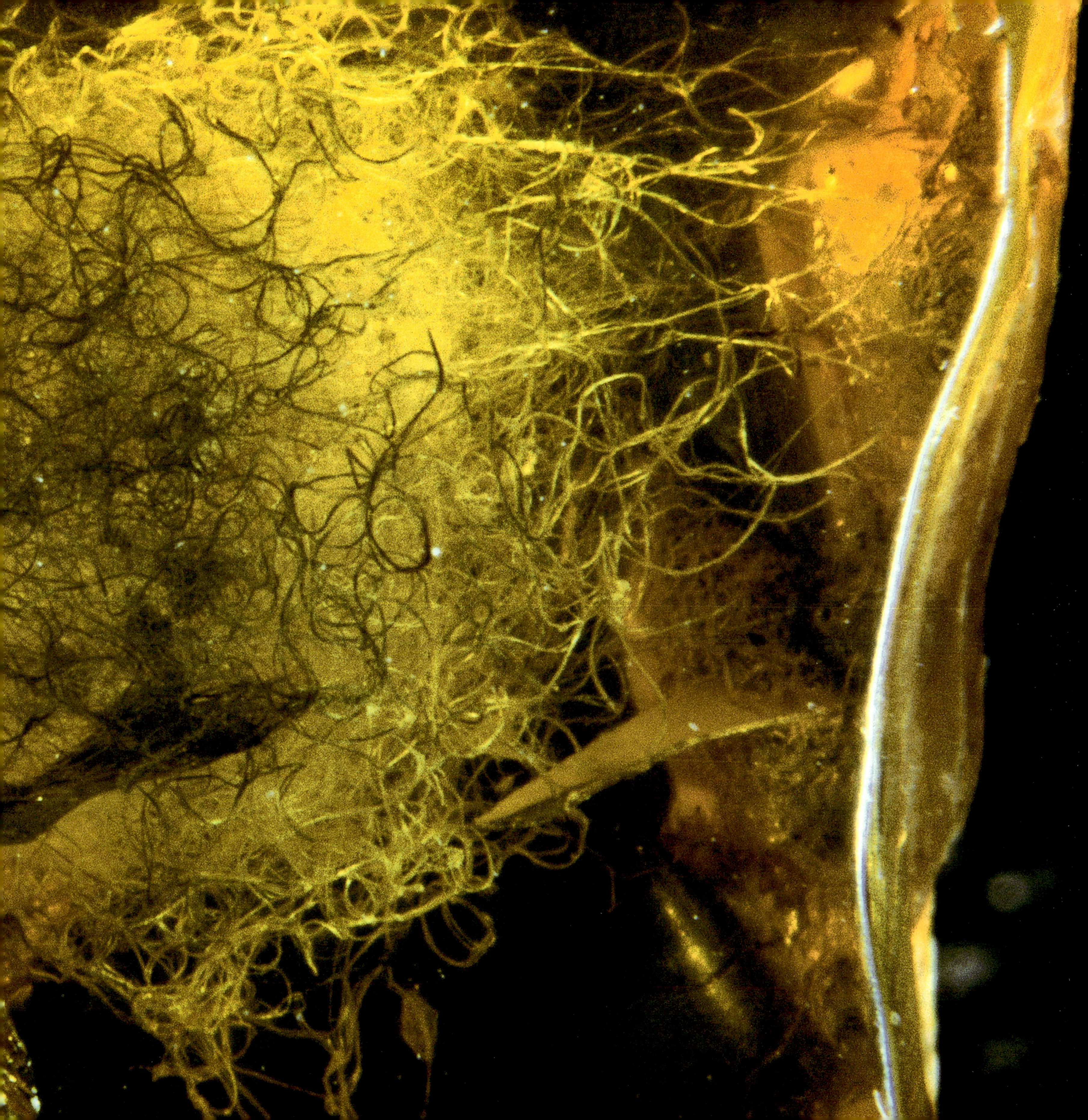

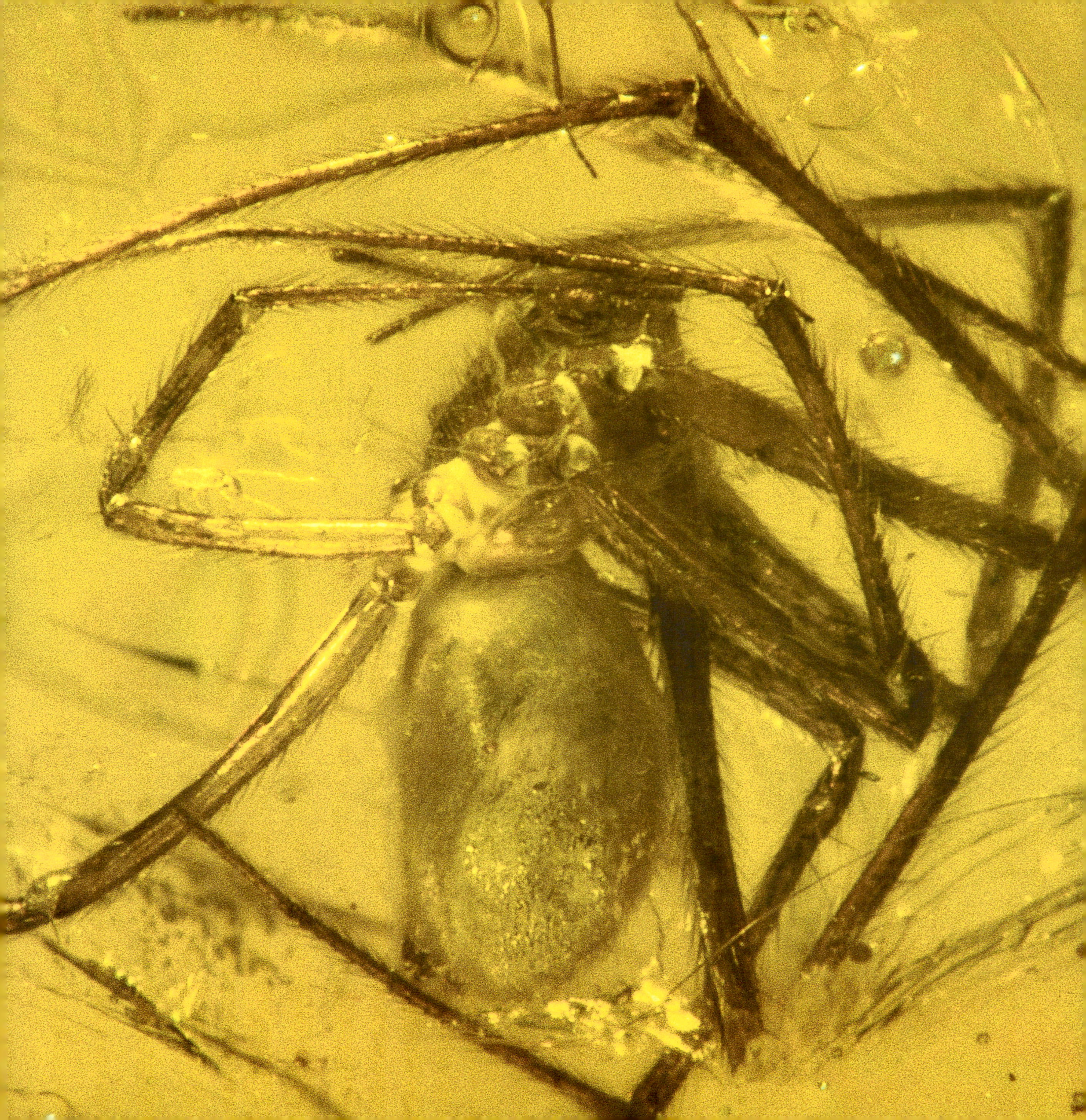

diese Doppelseite Eine Webspinne (Araneae) mit Milbenlarve (Acari)

Blinde Passagiere

Milben (Acari), besonders ihre so genannten Wandernymphen, bedienen sich zur Fortbewegung gerne der Phoresie, das heißt, sie nutzen andere Tiere als Transportmittel. Dabei besteht bei den Milben ein fließender Übergang von der Phoresie zum Ektoparasitismus, denn viele Milben sind Ektoparasiten, die sich außen an Kopf, Brust, Hinterleib und an den Segmenthäuten ihrer Wirte festsaugen. Dazu durchstoßen sie mit ihren stilettartigen Klauen, den Cheliceren, die Körperdecke der Wirte und saugen über mehrere Tage Körperflüssigkeit auf, bis sie prall gefüllt sind. Anschließend lassen sie sich von ihren Wirtstieren fallen.

Pseudo- oder Moosskorpione (Pseudoscorpiones) legen weite Wege gerne im Flug zurück und bedienen sich dabei ebenfalls der Phoresie. Dazu klammern sie sich als blinde Passagiere unbemerkt an Fluginsekten, die sie in neue, unbekannte Gebiete befördern. Als Transportwirte kamen im Baltischen Bernsteinwald Stelzenmücken (Diptera: Limoniidae), Brackwespen (Hymenoptera: Braconidae), Köcherfliegen (Trichoptera), aber auch Weberknechte (Opiliones) und die hier abgebildete Schnepfenfliege (Diptera: Rhagionidae) in Frage.

---

links Eine Rindenlaus (Psocoptera: Epipsocidae) wird von einer festgesaugten Nymphe der Milbenart Leptus sp. (Acari: Erythraeidae) belästigt.

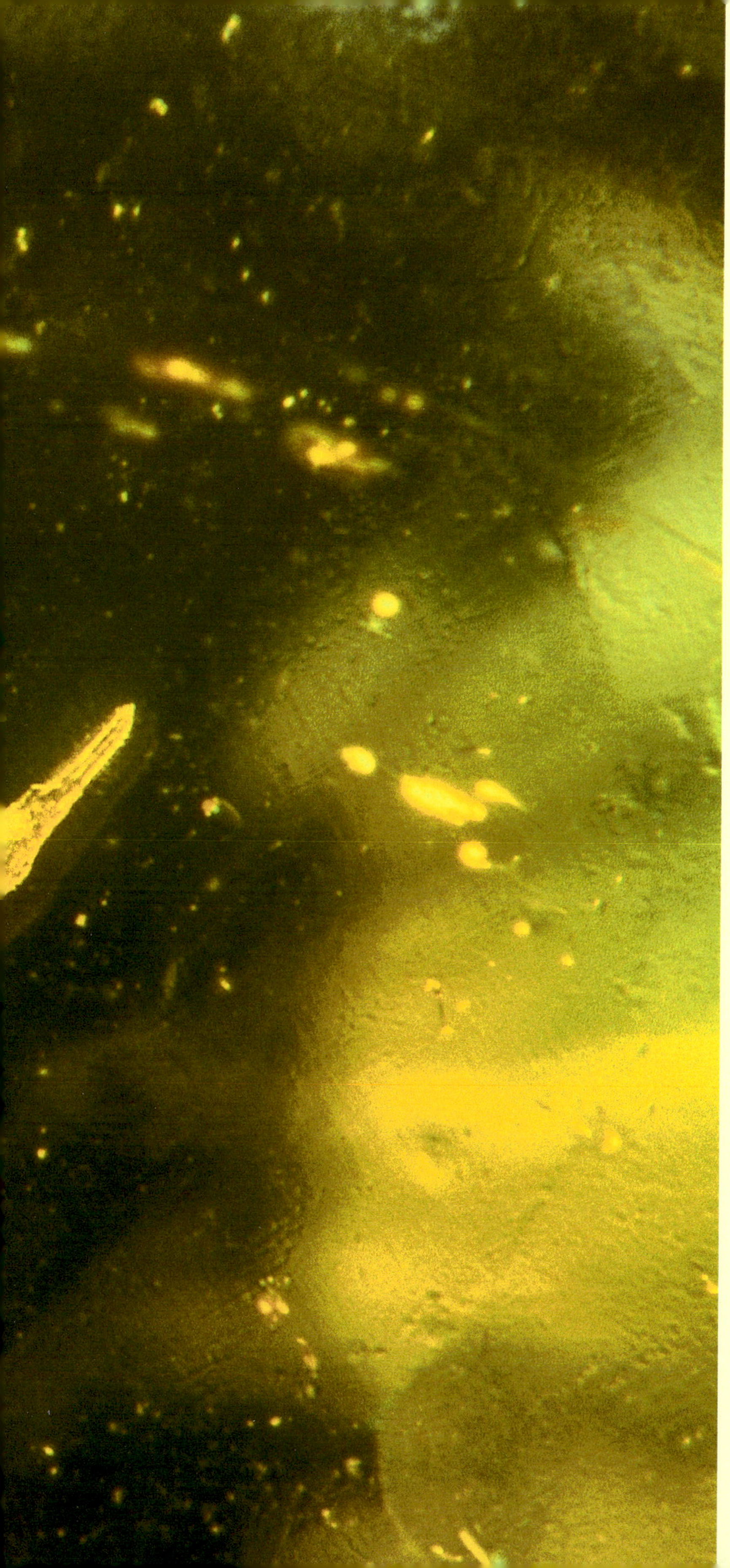

Räuberische Einzelgänger

Die kleinen Pseudo- oder Moosskorpione erinnern mit ihren auffallend großen Scheren, den Pedipalpen, an Skorpione, die – sehr selten zwar – auch im Baltischen Bernstein vorkommen können. Pseudoskorpione haben im Gegensatz zu echten Skorpionen keinen Giftstachel. Sie sind trotzdem Räuber und treten vorwiegend als Einzelgänger auf. Ihrer geringen Größe von 2 bis 5 mm entsprechend, jagen sie in der Bodenstreu nach Springschwänzen (Collembola), Milben (Acari) und kleinen Insektenlarven. Ihre Beute ergreifen sie zunächst mit den Pedipalpen und führen sie dem Mund zu, dann beißen sie mit den beiden Cheliceren in das erbeutete Tier, damit Verdauungssekrete in die Beute fließen und die vorverdaute Nahrung schon kurz danach aufgesaugt werden kann. Da Körperbau und Mundwerkzeuge mit denen heutiger Pseudoskorpione übereinstimmen, haben wir die Gewissheit, dass das Jagdverhalten der Einzelgänger des 40 bis 50 Millionen Jahre alten Bernsteinwaldes das gleiche war.

diese Doppelseite Moosskorpion (Pseudoscorpiones: Cheiridiidae)

links Moosskorpion-Weibchen (Pseudoscorpiones: Chthoniidae); von oben betrachtet
rechts Moosskorpion-Weibchen (Pseudoscorpiones: Chthoniidae); von unten betrachtet. Auf der Bauchunterseite trägt es einen Brutbeutel, der aus erhärtetem, hellem Sekret gebildet wurde. Hierin befinden sich die weißen Eier und die Embryonen, die mit einer Nährflüssigkeit versorgt werden, bis die ersten Nymphen nach etwa drei bis sechs Wochen schlüpfen.

Gepanzerte Bewohner des Bernsteinwaldes
Der chitingepanzerte Rückenschild von Waldasseln (Isopoda: Oniscoidea) hat eine rauhe Oberflächenstruktur mit einem regelmäßigen Muster dunkler Höcker. Diese Erhebungen wirken wie Abstandhalter und schützen die Asseln vor dem Kontakt mit feuchten Blättern. Bei glatter Oberfläche des Rückenschilds würden die Tiere aufgrund der Adhäsion leicht an feuchten Blättern haften bleiben, damit ihre Beweglichkeit einbüßen und eine leichte Beute von Räubern, zum Beispiel den Steinläufern, werden. Die Minimierung der Kontaktfläche durch die rauhe Körperoberfläche ist also eine wichtige Anpassung an das Leben in der feuchten Laubstreu, von der sie sich ernähren. Auch Schaben halten sich im Wald bevorzugt bodennah unter Laub, loser Rinde und unter Steinen auf. Mit den kauenden-beißenden Mundwerkzeugen ernähren sich viele Arten von Pflanzen, andere sind Allesfresser. Am Hinterleibsende haben Schaben ein Paar stiftförmiger Anhänge, die so genannten Cerci, auf denen feine Sinneshaare sitzen. Mit diesen Härchen nehmen die scheuen Tiere auch noch geringste Bewegungen wahr.

links Schabenlarve (Blattodea)
rechts Landassel (Isopoda: Oniscoidea)

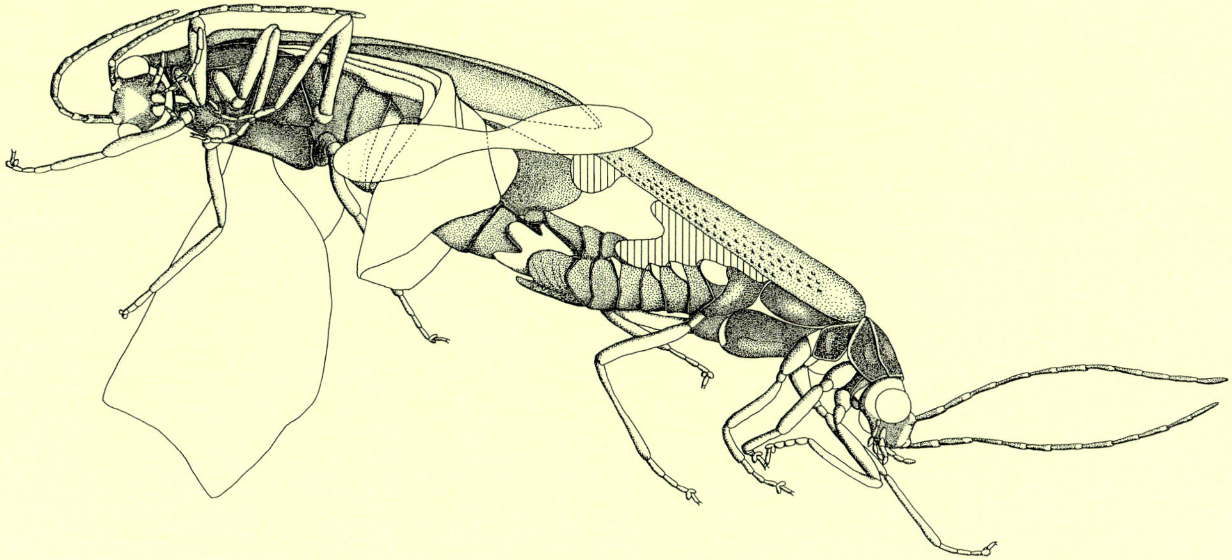

Wendige Waldbodenbewohner
Zu den Bodentieren des Bernsteinwaldes gehören viele Kurzflügler (Coleoptera: Staphylinidae). Sie haben typisch kurze Flügeldecken, die den weichen Körper nicht vollständig bis zum Hinterleibsende verhüllen. Je kürzer die Flügeldecken sind, desto wendiger bewegen sich die Tiere – fast wurmartig – auf und im Lückensystem der organischen Auflage des Bodens.

links Kurzflügler (Coleoptera: Staphylinidae) besuchen vorzugsweise Waldblumen.
rechts Illustration und Photo eines kopulierenden Weichkäferpaares (Coleoptera: Cantharidae). Wahrscheinlich ist das Paar gestört worden und geriet dabei in das klebrige Harz. Der entfaltete linke Flügel des Männchens lässt diesen Schluss zu. In dieser End-to-end-Kopulationsstellung blieb das Weichkäfer-Paar im Bernstein erhalten.

Schnelle Jäger

Gestalt und Körperform der räuberischen Laufkäfer (Carabidae) sind ihrer beutejagenden Lebensweise voll angepasst. Der abgeflachte, länglich ovale Körper wird von sechs langen Laufbeinen getragen, die eine schnelle und gewandte Fortbewegung möglich machen. Der Kopf ist vorwärts gerichtet, und von den kauend-beißenden Mundwerkzeugen treten vorne die beiden kräftigen Oberkiefer hervor, jederzeit bereit zuzupacken. Daneben befinden sich die vorgewölbten Facettenaugen und fadenförmigen Antennen – Sinnesorgane, die auf die Jagd eingestellt sind.

Bernsteinnadel mit Waldameise
Einen langgezogenen ausgehärteten Harztropfen, der abermals von einem Harzfluss überzogen wird, nennt man Bernsteinnadel. Hier hatte eine zierliche Waldameise eine Bernsteinnadel erklommen, um dann von einem erneuten Harzguss für die Ewigkeit auf der Nadel erhalten zu bleiben. Einer der ersten Insektenforscher, der sich gründlich mit Ameisen im Baltischen Bernstein beschäftigte, war Anfang des 20. Jahrhunderts der amerikanische Wissenschaftler William Morton Wheeler. Für seine umfangreiche Monographie *The Ants of the Baltic Amber*, die 1914 in Königsberg erschien, lagen Wheeler rund 12000 Einschlüsse zugrunde. Danach verteilen sich die fossilen Ameisen auf dreiundvierzig Gattungen, von denen vierundzwanzig noch heute vorkommen. Die auf dieser Bernsteinnadel überlieferte fossile Lasius schifferdeckeri ist der heute lebenden Lasius niger zum Verwechseln ähnlich.

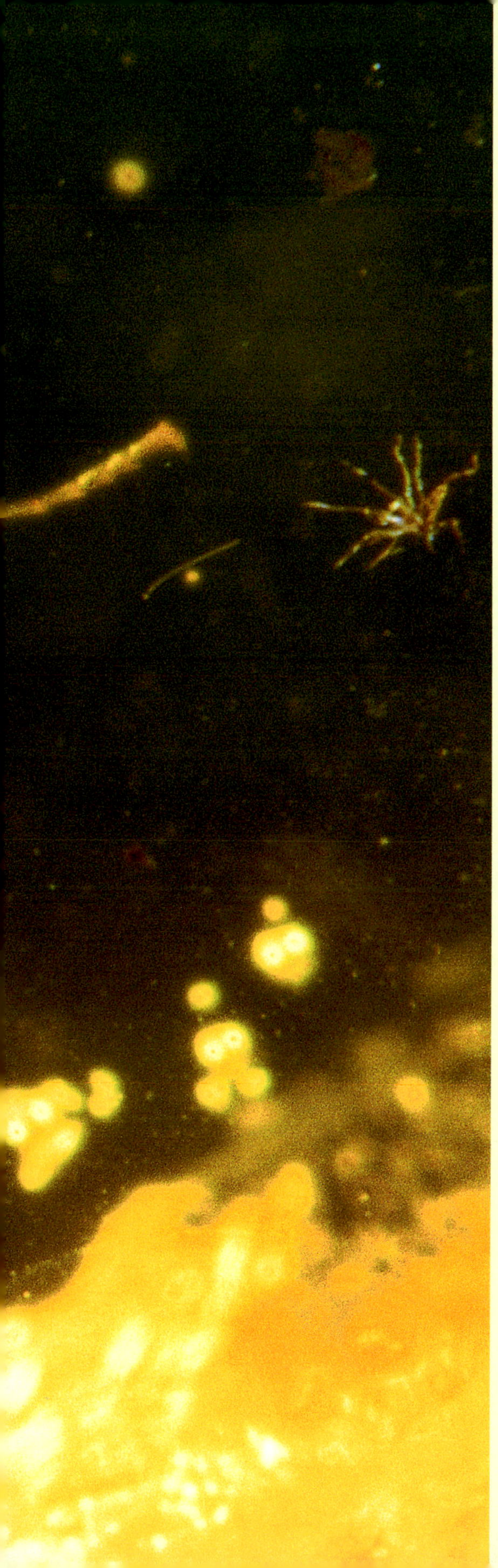

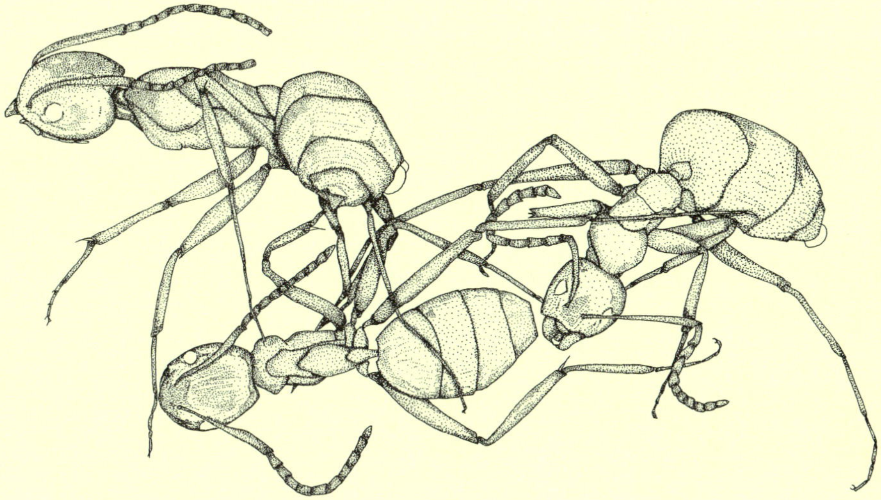

links Eine Ameise Gesomyrmex hoernesi (Hymenoptera: Formicidae) im freien Fall. Diese Gattung kommt auch heutzutage vor, jedoch mit anderen Arten.
rechts Illustration einer kleinen Ameisengruppe (Hymenoptera: Formicidae) nach einer Inkluse

Jahrmillionen alte Symbiose

Blattläuse ernähren sich von Pflanzensäften, indem sie mit ihren stechend-saugenden Mundwerkzeugen die Siebröhren der Wirtspflanzen anzapfen. Meist saugen sie viel mehr dieses nährstoffreichen Pflanzensaftes auf, als sie brauchen. Wann immer Blattläuse in größerer Zahl auf ihren Wirtspflanzen vorkommen, sind auch Ameisen zur Stelle. Die Arbeiterinnen betrillern die Blattläuse mit ihren Antennen oder Vorderbeinen und stimulieren sie, bis die Blattläuse reagieren und Tropfen aus dem After absondern. Dieser süße Honigtau wird von den Ameisen gierig aufgeleckt. Der Vorgang wird auch als melken bezeichnet. Als Gegenleistung halten Ameisen schützend alle anderen Insekten von Blattläusen fern. Sie ziehen von einer Blattlaus zur nächsten bis ihr Hinterleib prall gefüllt ist. Dann kehren sie zu ihren Ameisennestern zurück und teilen den Honigtau mit den anderen Nestbewohnern. Bei dieser Form der Symbiose, der so genannten Trophobiose, die bereits vor mehr als mindestens 40 Millionen Jahren bestand, ist einer der Partner für die Nahrung und der andere Partner für den Schutz des jeweils anderen zuständig.

diese Doppelseite Symbiotische Zuneigung – eine Ameise (Hymenoptera: Formicidae) betrillert eine Blattlaus (Aphidoidea); der aufgeblähte Hinterleib der Arbeiterin lässt eine reiche Ansammlung von Honigtau vermuten.

»Deine Küsse duften wie geriebener Bernstein.«

Ovid (43 v. Chr.–17 n. Chr.)

Von Farnen, Moosen, Knospen, Blüten und Blättern

Zur Zeit des Karbon, also vor mehr als 350 Millionen Jahren, prägten noch baumförmige Farnpflanzen das Bild der Steinkohlewälder. Bärlappgewächse, Schachtelhalme und viele Farnpflanzen wuchsen zu mächtigen Bäumen mit mehr als 30 m Höhe und einem Stammdurchmesser von oft bis zu 2 m heran. Allmählich aber wurden die Farnpflanzen abgelöst von den nacktsamigen Blütenpflanzen, den Gymnospermen, und spätestens im Tertiär, als auch die Bedecktsamer, die Angiospermen, ihre große Karriere begannen, dominierten weltweit die Blütenpflanzen. Farne spielten nur noch eine untergeordnete Rolle.

Unter tausend Inklusen des Baltischen Bernsteins findet sich durchschnittlich nur eine einzige pflanzlicher Natur. Sicherlich deshalb, weil Pflanzenteile wohl ausschließlich passiv in den Bernstein gelangten, also zum Beispiel durch Wind an das Harz heran geweht wurden. Da es sich lediglich um Blätter, Blüten, kleine Knospen und Früchte handelt, ist die Zuordnung der Pflanzenteile oft sehr schwierig. Bislang wurden etwa sechzig Familien der Blüten- oder Samenpflanzen nachgewiesen. Die Nacktsamer beschränken sich jedoch auf nur drei Familien der Nadelhölzer (Conifera), und zwar auf die Familie der Kieferngewächse (Pinaceae) mit Fichten, Tannen und Kiefern, insbesondere natürlich der Bernsteinkiefer (Pinus succinifera), die der Zypressengewächse (Cupressaceae) mit Wacholder und Thuja und die der Sumpfzypressengewächse (Taxodiaceae) mit Mammutbäumen und Wasserfichten.

Die Bedecktsamer sind im Baltischen Bernstein mit mindestens fünfundfünfzig Familien vertreten. Dazu gehören neben tropischen und subtropischen Familien wie den Palmen, Lorbeergewächsen, Hartheuartigen und Aronstabgewächsen auch weltweit verbreitete, kosmopolitische, Familien wie Lilien-, Ölbaum Storchschnabel-, Glockenblumen- und Mistelgewächse. Ferner Familien aus temperierten Regionen wie Ahorn-, Zaubernuss-, Steinbrech- und Rosengewächse und zuletzt Familien ohne biogeographische Zuordnung wie Buchengewächse, zu denen auch die Eichen gehören, die neben den Kiefern die Charakterarten des Bernsteinwaldes bilden.

vorherige Seite Eine vom Bernstein verzauberte Blüte
rechts Was für eine herrliche Blüte mag diese nicht identifizierbare Knospe verbergen?

Zartes Pflänzchen
Das in einem kleinen Bernstein wunderschön erhaltene Laubmoospflänzchen (Hypnodontopsis confertus) ist nur 5 mm lang, trägt zahlreiche längliche Blättchen und ein aufrechtes Kapselstielchen mit einer Sporenkapsel.

Moose, die zu den ältesten Landpflanzen gehören, sind damals wie heute weltweit verbreitet. Ein wichtiges Kennzeichen ihres Standorts ist eine hohe relative Luftfeuchtigkeit, die vor allem für Lebermoose (Hepaticae) lebensnotwendig ist. Daher finden sich Lebermoose in regenreichen Wäldern, an von Wasser überrieselten Felsen sowie an und in Gewässern. Laubmoose (Musci) haben eine ähnliche Präferenz für den hohen Wasserdampfgehalt der Luft, denn sie nehmen Wasser über ihre gesamte Oberfläche auf und verfügen über ein hohes Wasserspeichervermögen. Laubmoose können aber auch Trockenzeiten überdauern, indem sie zeitweilig in Trockenstarre verfallen oder eine schnelle Wasserabgabe durch Einrollen der Blätter verhindern. Alle Moose sind darüber hinaus typische Schattenpflanzen und bilden unter breit ausladenden Bäumen und im Dämmerlicht von Wäldern ausgiebige Moosrasen. So schützen sie sich vor direkter Sonnenbestrahlung und niedriger Luftfeuchtigkeit. Viele tropische Moosarten wachsen auf Bäumen, andere bevorzugen schattenspendende Schluchten. Ihre größte Formenvielfalt und Dichte erreichen Moose in tropisch montanen Regenwäldern. Im Baltischen Bernstein wurden bislang fast fünfzig Arten der Leber- und Laubmoose nachgewiesen. Viele sind verwandt mit heute in Ost- oder Südostasien vorkommenden Arten.

Neben Moosen und Farnen gehören heute wie damals Blumen und Sträucher zu einem Waldökosystem, in dem Pflanzen und Tiere intakte Lebensgemeinschaften bilden. Zu den im Bernstein nachgewiesenen Pflanzen, die in den lichten Bernsteinwäldern wuchsen, zählen – neben den bereits genannten – auch Korb- und Kreuzblütler, Heidekraut- und Liliengewächse, ferner Röte-, Sauerklee-, Dolden- und Wolfsmilchgewächse. Auch wenn die genaue Bestimmung der Pflanzenteile im Bernstein schwierig und oft unmöglich ist, zeugen die Pflanzeninklusen dennoch von der üppigen Vielfalt der Kraut- und Strauchschicht im Bernsteinwald.

Die ovale, geöffnete Kapsel ist außen von sechzehn längsverlaufenden Rippen gestützt, die nach unten verdrillt das Kapselstielchen bilden, oben wird sie von einem Peristom-Ring aus unregelmäßig erscheinenden Kapselzähnchen gekrönt, die das Eindringen von Wasser in die Kapsel verhindern und das Austreten der reifen Sporen dosieren. Die nächstverwandten Arten dieses Mooses kommen heute in Mexiko und Uganda vor.

Unbekannte Schönheiten
Obwohl Samenpflanzen (Spermatophyta) im Bernsteinwald flächendeckend und landschaftsbildend waren, beschränken sich die Funde im Bernstein auf wenige und nicht leicht zuzuordnende Pflanzenteile wie Blüten, Pollenkörner, Früchte, Zapfen, Samen, Hülsen, Blätter und Nadeln.

links Auch diese Knospe gibt ihre Geheimnisse nicht preis.
rechts Nach Blütendiagramm und Blattnervatur könnte diese Knospe zu den Liliengewächsen (Liliaceae) gehören.

Diese rosengleich verzauberte Blüte scheint im Bernstein zu schweben.

diese Doppelseite Variationen welkender Blätter

links männlicher Zapfen einer Kiefernart (Pinaceae)
rechts Zwei zarte Moospflänzchen der Gattung Trachycystis. An den Stengeln erkennt man kleine oval-lanzettartige Blättchen, mit denen sie Moospolster bilden. Zur Gattung Trachycystis gehören sechs Arten, von denen fünf aus dem Tertiär bekannt sind, darunter drei ausschließlich fossile und zwei noch heute vorkommende Arten.

Filigrane Bernsteinkunstwerke
Der Bernstein lenkt den Blick auf die Details: nicht auf die Farnpflanze oder den Farnwedel, sondern auf die Teilblättchen, auf die Fieder und Fiederchen und die durchschimmernde Leitbündelorganisation. Die wenigen im Bernstein enthaltenen Farne gehören der modernen Farnfamilie der Tüpfelfarne (Pteridophyta: Polypodiaceae) an.

links Fiederchen einer Fieder (Teilblatt) von Pecopteris humboldtiana
rechts Fieder (Teilblatt) eines Farnes von Pecopteris humboldtiana (Pteridophyta: Polypodiaceae)

»**Tränen fließen heraus** und erstarren in der Sonne,
als Bernstein tropfen sie ab vom frischen Gezweig,
es empfängt sie der klare Strom und sendet sie hin,
dass Latiums Töchter sie tragen.«

Ovid (43 v. Chr.–17 n. Chr.)

Tropische Exoten

Baltischer Bernstein entstammt einem Urwald, der sich in einem ausgeglichenen subtropisch-tropischen Klima etwa 10 Millionen Jahre lang über ein riesiges Areal in Europa erstreckte. Es ist somit nicht verwunderlich, dass dort auch Tiere und Pflanzen existiert haben, die wir heute ausschließlich aus subtropischen und tropischen Klimazonen kennen. Unter den Insekten sind die extrem räuberischen Gottesanbeterinnen (Mantodea) und die pflanzenfressenden Stabheuschrecken (Phasmatodea) typische Beispiele, beide mit weltweit über 2200 Arten, sowie die Jahrhundertentdeckung des Jahres 2002, die so genannten Gladiatoren (Mantophasmatodea). Sie alle leben heute in äquatornahen Gebieten; ihre Verbreitungsgrenzen liegen etwa beim 45. südlichen und nördlichen Breitengrad.

Ausnahmsweise und nur sehr selten nähert sich die Gottesanbeterin Mantis religiosa auch dem 50. Breitengrad und tritt dann in Mitteleuropa an trockenwarmen Stellen auf, so zum Beispiel am Neusiedler See und im Kaiserstuhl (Breisgau). Von den Gottesanbeterinnen sind mindestens vier der heute bekannten acht Familien im Baltischen Bernstein vertreten. Ihre heutigen Nachfahren sind in allen warmen Regionen zu finden, mit einer bemerkenswerten Präferenz für die neotropische Region, die von Mexiko bis zum südlichen Südamerika reicht. Bisher sind jedoch nur wenige Stabheuschreckenarten aus dem Baltischen Bernstein bekannt. Meistens handelt es sich dabei um relativ kleine Larven. Große geschlechtsreife Tiere sind naturgemäß ausgesprochen selten, da sie sich aus eigener Kraft aus dem klebrigen Harz befreien konnten. Ihre nächstverwandten Vertreter kommen heutzutage im tropischen Südostasien, in Neuguinea und Ozeanien vor.

Durch Presse, Funk und Fernsehen ging im Jahr 2002 die sensationelle Meldung, dass eine internationale Wissenschaftlergruppe in Afrika eine Insektenart entdeckt hatte, die zu keiner der bis dahin bekannten Insektenordnungen passte. Ihre Entdecker nannten die Tiere Gladiatoren und stellten sie in die neue Ordnung Mantophasmatodea, ein Name, der auf die verwandtschaftliche Nähe der Tiere zu den beiden Ordnungen Fangschrecken (Mantodea) und Gespenstschrecken (Phasmatodea) hinweist. Die Gladiatoren stehen damit auf der selben systematischen Stufe wie zum Beispiel Schmetterlinge (Lepidoptera) und Käfer (Coleoptera).

Ihren Anfang nahm die spektakuläre Entdeckungsgeschichte im Baltischen Bernstein. Im Jahr 2000 stieß Dr. Oliver Zompro im Rahmen seiner Forschung über Gespenstschrecken in der Bernsteinsammlung des Geologisch-Paläontologischen Instituts der Universität Hamburg auf einige fossile Exemplare, die nicht so recht

Alttertiärer Insektenstaat

Termiten leben in hochorganisierten Staaten von bis zu mehreren Millionen Individuen. Das Volk wird meist durch strenge Kastenbildung und durch Arbeitsteilung reglementiert. Es lassen sich wenigstens drei Gestalttypen unterscheiden: zeitweise geflügelte Geschlechtstiere, Arbeiter und Soldaten. Termiten, die die Dunkelheit lieben, legen grandiose Nester an, teilweise unterirdisch, teilweise in Holz, und bauen riesige oberirdische Hügel aus Erde, Speichel und Kot. Sie ernähren sich von pflanzlichen, zellulosereichen Materialien, und zwar vorzugsweise von Holz, das in ihrem Enddarm von symbiotisch lebenden Einzellern (Flagellaten) vorverdaut wurde, aber auch von Pilzen, die sie in Pilzgärten kultivieren.

---

vorherige Seite Schwebende Schönheit: die bekannteste fossile Termite Reticulitermes antiquus (Isoptera: Rhinotermitidae)
rechts Termitenschwarm von Reticulitermes antiquus (Isoptera: Rhinotermitidae). Nach kurzem Hochzeitsflug, bei dem sich die geflügelten Weibchen und Männchen in der Luft begatten, werfen sie ihre Flügel ab.

Eine außergewöhnliche Neuentdeckung – der Gladiator Raptophasma Kerneggeri (Mantophasmatodea: Mantophasmatidae); charakteristisch sind seine großen Augen, die kräftig bedornten Beine und die großen Haftlappen (Arolium) an den Tarsen.

in das aktuelle System der Insekten passten. Nach Untersuchungen weiterer Bernsteinsammlungen stand schon bald fest, dass diese Tiere eine eigene Evolutionslinie darstellen. Zielstrebig begann der junge Wissenschaftler die zoologischen Museen Europas nach heutigen Vertretern dieser Tiergruppe zu durchsuchen. Im Naturhistorischen Museum in London wurde ihm ein aus Tansania stammendes, »merkwürdiges« Exemplar vorgelegt, das eindeutige Merkmale der Bernsteinfossilien aufwies; dann wurde er im Museum für Naturkunde in Berlin fündig, wo sich ein weiteres Exemplar dieser Tiergruppe befand, das im Jahre 1909 in Namibia gefunden worden war. Anfragen bei Wissenschaftlern im National Museum von Windhuk ergaben, dass erst kürzlich ein derartiges Tier entdeckt worden war. Schnell wurde eine Expedition zusammengestellt, die im März 2002 nach Namibia aufbrach. Ziel der Entomologen war der Brandberg, ein zerklüftetes Granitmassiv von 2573 m Höhe im südlichen Afrika, denn von hier stammte der letzte Fund der gesuchten Tiere. Bereits in der ersten Nacht wurde am Brandberg mit Lichtfanganlagen ein erstes Mantophasmatodea-Exemplar gefangen, weitere folgten. So führte also der Baltische Bernstein nach Afrika zu einer neuen Insektenordnung.

Weitere außergewöhnliche Vertreter der Tropen sind die heute in Südostasien und Afrika beheimateten Stielaugenfliegen (Diptera: Diopsidae) sowie die räuberischen Schmetterlingshaften – prächtige Netzflügler (Planipennia) der Familie Ascalaphidae. Mit weltweit fast vierhundert Arten kommen sie überwiegend in den Tropen und den Subtropen vor, die fünfzehn europäischen Arten leben im Mittelmeerraum. Diese großartigen Tiere erinnern mit ihren hyalin gelben und dunkel gefleckten Flügeln und auch in ihrer Flugweise manchmal an Schmetterlinge und manchmal an Libellen, wie der Libellen-Schmetterlingshafte, der in Südeuropa beheimatet ist und sich in ganz seltenen Fällen sogar bis ins Altmühltal wagt.

Zu den wohlbekannten Exoten gehören natürlich auch die Termiten (Isoptera), von denen heute über 2000 Arten in den Tropen und Subtropen leben. Im Baltischen Bernstein ist die Artenzahl weit geringer und beschränkt sich – soweit derzeit bekannt – auf weniger als zehn. Die häufigste Termitenart im Baltischen Bernstein ist Reticulitermes antiquus, deren heutige tropische Verwandten vorwiegend in totem Kiefernholz leben.

Exotische Vegetarier und Fleischfresser
Die vegetarisch lebenden Stabheuschrecken (Phasmatodea) sind entweder extrem dünn und lang gestreckt mit einer Körperlänge bis zu 35 cm oder aber blattartig verbreitert und abgeflacht. Durch ihre jeweilige Körperform sowie der grünen bis braunen Körperfarbe leben sie oft völlig versteckt an ihren Futterpflanzen; diese als Mimese bezeichnete Schutzanpassung (Tarnung) hilft ihnen zu überleben.

Gottesanbeterinnen (Mantodea) wiederum sind Fleischfresser, die ihre vorderen Beine zu gefährlichen Fangapparaten umgebildet haben. Kommt ein Beutetier in Reichweite der lauernden Gottesanbeterin, so schlagen die Fangbeine blitzschnell zu und klemmen die Beute zwischen den kräftig bedornten Schenkeln und Schienen ein, um das Opfer sogleich dem Mund zuzuführen. Den irreführenden Namen Gottesanbeterin verdanken diese Räuber der Haltung ihrer Fangarme.

---

links Von den tropischen Stabheuschrecken (Phasmatodea) wurden im Baltischen Bernstein fast ausschließlich Larven gefunden.
rechts Prächtiges Bernsteinporträt einer Gottesanbeterin (Mantodea: Mantidae)

Schmetterlingshafte Räuber

Die schönen Tiergestalten der Schmetterlingshaften (Planipennia: Ascalaphidae) wurden im Baltischen Bernstein zwar noch nicht gefunden, wohl aber ihre bizarren Larven, deren gedrungener Körper von Borsten und Haaren reich bedeckt ist. Ihr Haarkleid nimmt Sand und Staubpartikel auf und dient so zusätzlich der Tarnung der kaum wahrnehmbaren Larve. Der Kopf trägt lange, säbelförmige Mandibeln, an deren Innenseiten jeweils drei große Zähne zum Festhalten der Beute sitzen. Die Larven der Schmetterlingshaften sind Räuber, die oft tagelang am Boden und unter Steinen versteckt auf Beute lauern. Heute sind sie mit rund dreihundert Arten in den Tropen und Subtropen verbreitet.

diese Doppelseite Bizarre Larve eines Schmetterlingshaften (Planipennia: Ascalaphidae)

Die Duelle der Stielaugenfliegen
Im Kampf um die Stielaugenfliegen-Weibchen (Diptera: Diopsidae) starren die Männchen einander so lange an, bis die Weibchen den Gewinner – das Männchen mit dem überzeugendsten Augenabstand, also den längsten Augenstielen – küren und sich um ihn scharen. Die Weibchen werden dann in der Morgen- oder Abenddämmerung begattet. Orte des Geschehens waren im alttertiären Bernsteinwald umgestürzte, von Moosen und Flechten überzogene Baumstämme. Heute tummeln sich die Stielaugenfliegen in tropischen Sumpfgebieten und Regenwäldern.

links Der Körper einer exotischen Stielaugenfliege (Diptera: Diopsidae) ist im Bernstein verlumt.
rechts Kopfpartie mit den gestielten Augen; ob dieses Männchen zu den Siegern gehörte?

»Auch das Meer durchsuchen sie und sie sind die einzigen von allen Germanen, die an seichten Stellen und am Strande selbst den Bernstein sammeln, der bei ihnen Glesum heißt.«

Tacitus (55–116 n. Chr.)

Die Gewässerfauna des Bernsteinwaldes

Nahezu fünfundzwanzig Prozent aller Inklusentiere im Baltischen Bernstein gehören zu den Insekten, die zumindest als Larven permanent im Wasser leben. Als erwachsene Tiere halten sie sich zeitweilig oder ständig außerhalb des Wassers auf, entweder um sich zu paaren und zu vermehren oder um neue aquatische Lebensräume aufzusuchen. Dabei konnten sie natürlich auch mit den klebrigen Harzfallen in Kontakt geraten. Bei diesen amphibischen Insekten leben die Imagines, etwa die der Steinfliegen und der Eintagsfliegen, für eine vergleichsweise kurze Zeit ihres Entwicklungszyklus an Land. In dieser fertilen Entwicklungsphase ihres Lebens vermehren und verbreiten sich die geflügelten Insekten. Libellen verlassen den aquatischen Lebensraum als ausgewachsene Larven, um außerhalb des Wassers an hoch gelegenen trockenen Stellen, zum Beispiel an nahen Baumstämmen, zu schlüpfen. Larven mancher holometaboler Wasserinsekten gehen an Land, um sich zunächst im Boden zu verpuppen und anschließend zur Imago zu schlüpfen, wie zum Beispiel die Großflügler Fisch- und Schlammfliegen. Den ersten fossilen Großflügler aus dem Baltischen Bernstein beschrieb der Schweizer Entomologe François-Jules Pictet bereits 1854 und nannte ihn Chauliodes prisca. Die Larven heutiger Fischfliegen verlassen das Gewässer nach knapp zwei Jahren, um an Land in unmittelbarer Nähe des Ufers eine kleine Erdhöhle zu bauen, in der sie sich verpuppen. Aus dieser Puppe schlüpft eine Imago, die sich tagsüber in der Ufervegetation verbirgt. Sicher nicht anders verlief der Lebenszyklus der Bernstein-Arten.

Die aus dem Baltischen Bernstein bekannten, zu den Wanzen gehörenden, schlanken Wasserläufer und die gedrungenen, ovalen Taumelkäfer sind elegante Wasserartisten auf so manchem stillen Kleingewässer. Stech- und Zuckmücken gehören ebenfalls zu den Bewohnern der stehenden Gewässer. Ihre verwandtschaftliche Nähe zu den heutigen Arten macht es im Vergleich ebenfalls möglich, ihre aquatischen Lebensräume und Lebensweisen aus längst vergangener Zeit näher kennen zu lernen.

Einige sehr seltene Einzelfunde lassen sich nur schwer erklären, weil das Aktualitätsprinzip mangels Vergleichsmöglichkeit versagt. Dazu gehören Inklusen der Larven strömungsliebender Eintagsfliegen und die Larven von Ruderwanzen, denn die Larven dieser Tiergruppen verlassen den aquatischen Biotop normalerweise nicht. Das gleiche gilt für Flohkrebse, die immerhin im nassen Moos überleben können. Das Vorkommen dieser Tiere im Bernstein ist dennoch nur unzureichend zu deuten. Denkbar wäre es, dass Flohkrebse durch Austrocknung von Gewässern starben und ihre federleichten Hüllen vom Wind an das Harz nahestehender Bernsteinbäume geweht wurden.

Im Bach und an der Quelle
Die heutigen Flohkrebse (Amphipoda) leben im Meer, in sandigen oder geröllreichen Fließgewässern und manchmal an steinigen Uferzonen großer Seen. Der Bachflohkrebs (Amphipoda: Gammaridae) der Gattung Gammarus ist in Bächen und kleinen Fließgewässern weit verbreitet. Die hellen Tiere fallen durch ihre eigenartige Fortbewegung auf, bei der sie sich oft in Seitenlage begeben und mit den am Brustkorb angeordneten Beinen seitlich auf dem Untergrund rutschen. Die selteneren Höhlenflohkrebse (Amphipoda: Niphargidae) der Gattung Niphargus sind im Quellbereich von Bächen zu finden und über das Grundwasser ins Oberflächengewässer eingewandert.

---

vorherige Seite Die schönen Augen einer Köcherfliege Holocentropus sp. (Trichoptera: Polycentropodidae)
rechts Der fossile Höhlenflohkrebs Niphargus groehni (Amphipoda: Niphargidae) stammt sehr wahrscheinlich aus einer Quelle im Bergland.

Der fossile Flohkrebs Palaeogammarus sp. (Amphipoda: Crangonycidae) ist mit unseren heutigen Bachflohkrebsen (Amphipoda: Gammaridae) verwandt.

Von der Larve zur Imago

Der Entwicklungszyklus der Steinfliegen verlief in den Gewässern des Bernsteinwaldes nicht anders als heutzutage. Erwachsene Larven, die Nymphen, sind oft relativ große Tiere mit gut erkennbaren hyalinen Flügelscheiden, durch die die fertigen Flügel hindurch scheinen. Wenn eine Nymphe das Gewässer verlassen hat, um sich letztmalig zu häuten, krabbelt sie auf Steine oder an Uferpflanzen hoch. Sobald ihr Körper getrocknet ist, reißt die vorbestimmte Naht auf dem Rücken und eine schlüpfbereite Imago kämpft sich heraus. Dieser Vorgang dauert wenige Minuten und endet, wenn die Körperoberfläche gehärtet ist, die Beine der Imago frei beweglich und die Flügel entfaltet sind. Da viele Steinfliegen träge Flieger sind und zur Fortbewegung in der Ufervegetation eher die Beine als die Flügel bevorzugen, bleiben sie oft in unmittelbarer Nähe ihrer Gewässer.

links oben Die verlassene Nymphenhaut (Exuvie) einer Steinfliegen-Nymphe (Plecoptera: Perlodidae); sie konnte noch rechtzeitig vor dem Harzfluss schlüpfen.
links unten Eine ausgewachsene Steinfliegen-Nymphe (Plecoptera: Perlidae); sie hat das Gewässer verlassen, um sich zu häuten.
rechts Steinfliege (Plecoptera: Leuctridae); ob diese graziöse Steinfliege auf das duftende und leuchtende Harz zugeflogen ist oder von Harztropfen überrascht wurde, werden wir nie erfahren.

Die strömungsliebende Eintagsfliege
Bislang wurden vier Larven von Eintagsfliegen der Familie der Heptageniidae im Baltischen Bernstein entdeckt. Heutige Larven dieser Familie leben vor allem in Fließgewässern, wo sie oft stark strömendem Wasser ausgesetzt sind. Da wir von unseren heimischen Arten wissen, dass deren Larven das Fließgewässer nie verlassen, fällt es schwer, sich vorzustellen, wie diese strömungsliebenden Eintagsfliegenlarven in die Harzfallen gelangen konnten. Aus Asien ist allerdings bekannt, dass Heptageniidae-Larven auch andere Biotope besiedeln. So leben Larven von Bleptus fasciatus in Japan auf Felsen, die durch Wasserspritzer vom benachbarten Wasserfall feucht gehalten werden, und aus Burma wird von der Heptageniidae: Epeorus bispinosus berichtet, deren schlupfreife Larven sich mehrere Meter von den Gewässern wegbewegen.

links Einer Eintagsfliege (Ephemeroptera: Heptageniidae) tief in die Augen geschaut
folgende Doppelseite Goldenes Stillleben – Eintagsfliege (Ephemeroptera: Heptageniidae)

Elegante Libellen
Libellenlarven leben im Wasser und sind durch ihre kauend-beißenden Mundwerkzeuge und ausklappbaren Fangmasken am Kopf deutlich als Räuber zu erkennen. Sie jagen Jungfische, Kaulquappen und Insekten aller Art. Sobald die Larven ausgewachsen sind, verlassen sie ihre Gewässer und klettern an Schilf, nahen Baumstämmen und anderen Erhebungen in Ufernähe empor, um sich bald darauf zu eleganten Libellen zu häuten. Auch Larven kommen im Bernstein vor. Es ist anzunehmen, dass diese bei ihrem kurzen Weg zum Häutungsplatz am Stamm eines Bernsteinbaumes von herabtropfendem Harz überrascht wurden. Manchmal sind auch nur Häutungsreste, Exuvien, erhalten, die ausgetrocknet vom Wind an die Harzflächen geweht wurden. Vollständige und gut erhaltene Larven oder erwachsene Libellen sind im Baltischen Bernstein eher selten, denn sie sind meist kräftig genug, um sich aus dem Harz zu befreien, auch wenn sie oft Mundwerkzeuge, Beine oder Flügel zurücklassen müssen.

links Eine ausgeklappte Fangmaske (Unterlippe) vom Kopf einer Libellenlarve (Odonata)
rechts Die im Harz eingeschlossenen Flügel sind schöne Relikte der prächtigen Großlibellen (Odonata) der Gewässer des Bernsteinwaldes.

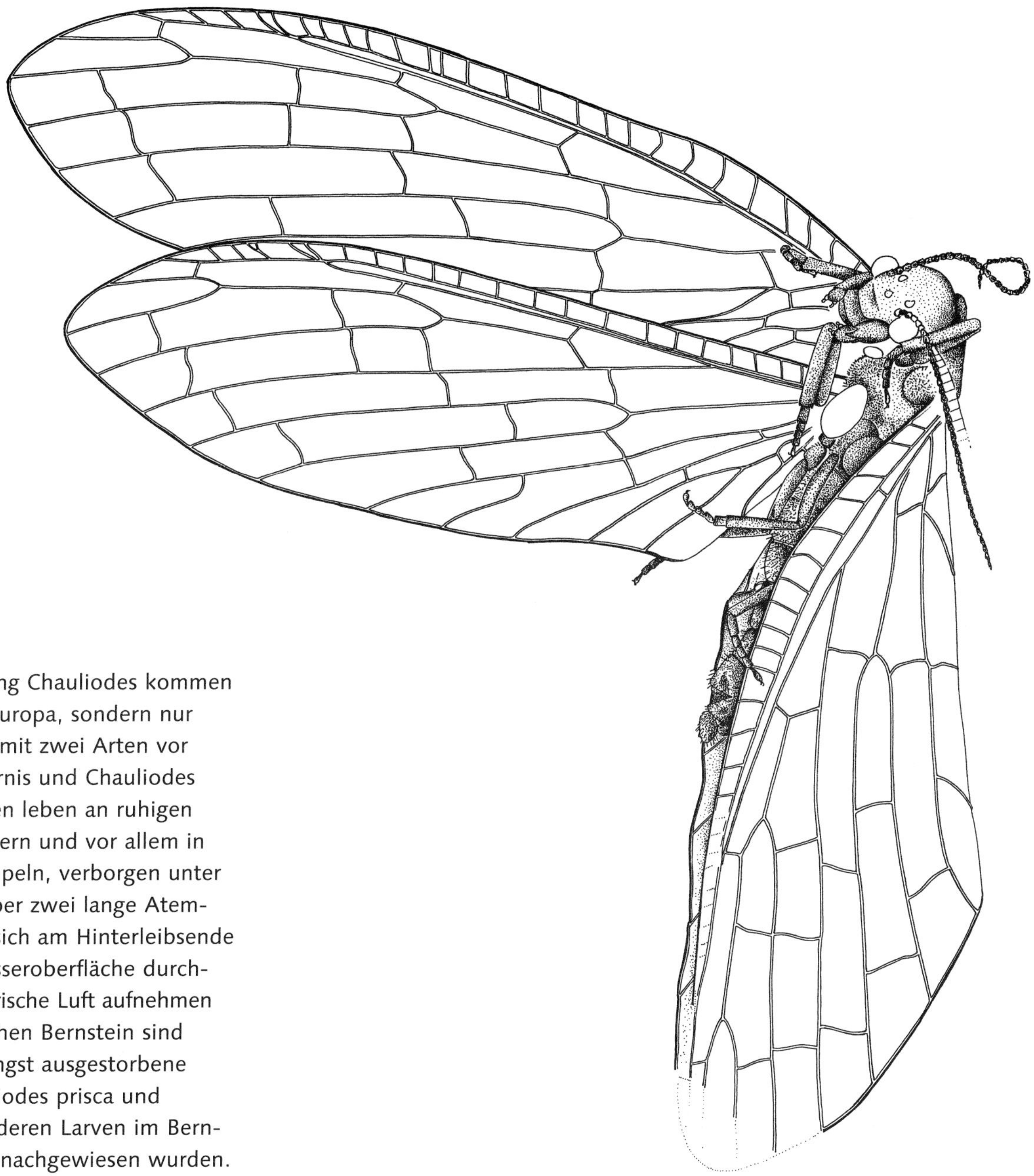

Größe zeigen
Großflügler der Gattung Chauliodes kommen heute nicht mehr in Europa, sondern nur noch in Nordamerika mit zwei Arten vor (Chauliodes pectinicornis und Chauliodes rasticornis). Ihre Larven leben an ruhigen Stellen in Fließgewässern und vor allem in Teichen und Waldtümpeln, verborgen unter Falllaub. Sie atmen über zwei lange Atemröhren, Siphone, die sich am Hinterleibsende befinden und die Wasseroberfläche durchstoßen, um atmosphärische Luft aufnehmen zu können. Im Baltischen Bernstein sind ebenfalls nur zwei, längst ausgestorbene Arten bekannt (Chauliodes prisca und Chauliodes carsteni), deren Larven im Bernstein aber noch nicht nachgewiesen wurden.

---

diese Doppelseite Weibchen der Fischfliege Chauliodes carsteni (Megaloptera: Corydalidae)

Geflügelte Seltenheit – eine Schlammfliege Sialis groehni (Megaloptera: Sialidae). Wie Fischfliegen (Megaloptera: Corydalidae) gehören auch Schlammfliegen zu den besonderen Seltenheiten im Baltischen Bernstein. Bislang sind lediglich zwei vollständige, gut erhaltene Larven und weniger als zehn Imagines bekannt.

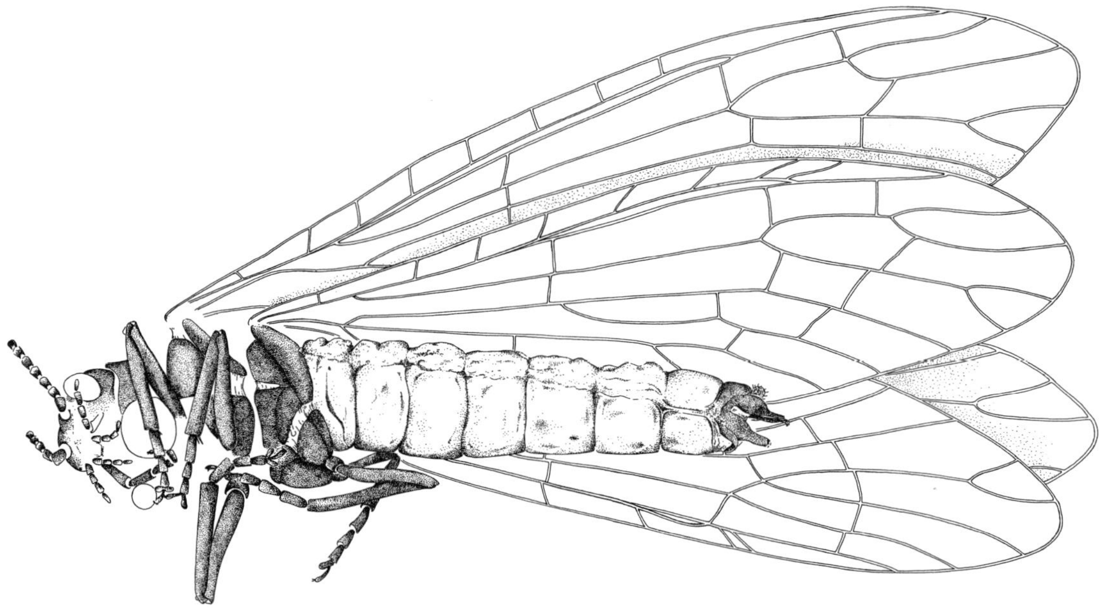

Gefräßige Räuber

Die Larven von Schlammfliegen (Megaloptera: Sialidae) gehören zu den gierigen Räubern in unseren Gewässern. Mit ihren kauend-beißenden Mundwerkzeugen und den kräftigen Mandibeln erbeuten Schlammfliegenlarven Würmer, Zuckmückenlarven und andere kleine Wasserinsekten. Sie verfügen über sieben Paar beinförmig gegliederte Tracheenkiemen seitlich am Hinterleib und einen langen Fortsatz am letzten Hinterleibssegment.

links Illustration der Schlammfliege Protosialis herrlingi (Megaloptera: Sialidae)
rechts Larve einer Schlammfliege (Megaloptera: Sialidae)

Die Larven von Schwammfliegen (Planipennia: Sisyridae) leben im Wasser quasi als Parasiten von Süßwasserschwämmen (Porifera) und saugen mit langen Saugzangen Säfte aus den Zellen und Geweben ihrer

Köcherfliegen machen schöne Augen
Wer unter den Einschlüssen im Baltischen Bernstein Köcherfliegen (Trichoptera) entdeckt, wird von ihrer Größe beeindruckt sein, denn die meist 1 bis 2 cm großen Tiere lassen sich auch ohne Mikroskop und Vergrößerungsglas ausfindig machen. Bei näherer Betrachtung unter der Stereolupe und bei guter Ausleuchtung des Bernsteins erlebt der Beobachter dann eine Überraschung: Beinahe jede dritte Köcherfliege leuchtet dem Betrachter mit blauen, seltener mit grünen Augen entgegen. Es handelt sich dabei nicht um echte Farben, auch nicht um Strukturfarben, wie wir sie von den bunten Flügeln der Tagfalter kennen, sondern um blaugrüne Interferenzfarben, die am fossilen Auge durch Auflage eines hauchdünnen Luftfilmes entstehen.

diese Doppelseite Köcherfliegen (Trichoptera) brillieren mit ihren blauen Augen. Sie strahlen dem Betrachter so selbstverständlich entgegen, als gehörten die metallisch leuchtenden Farben zur Grundausstattung der Köcherfliegen und seien keine optische Täuschung.

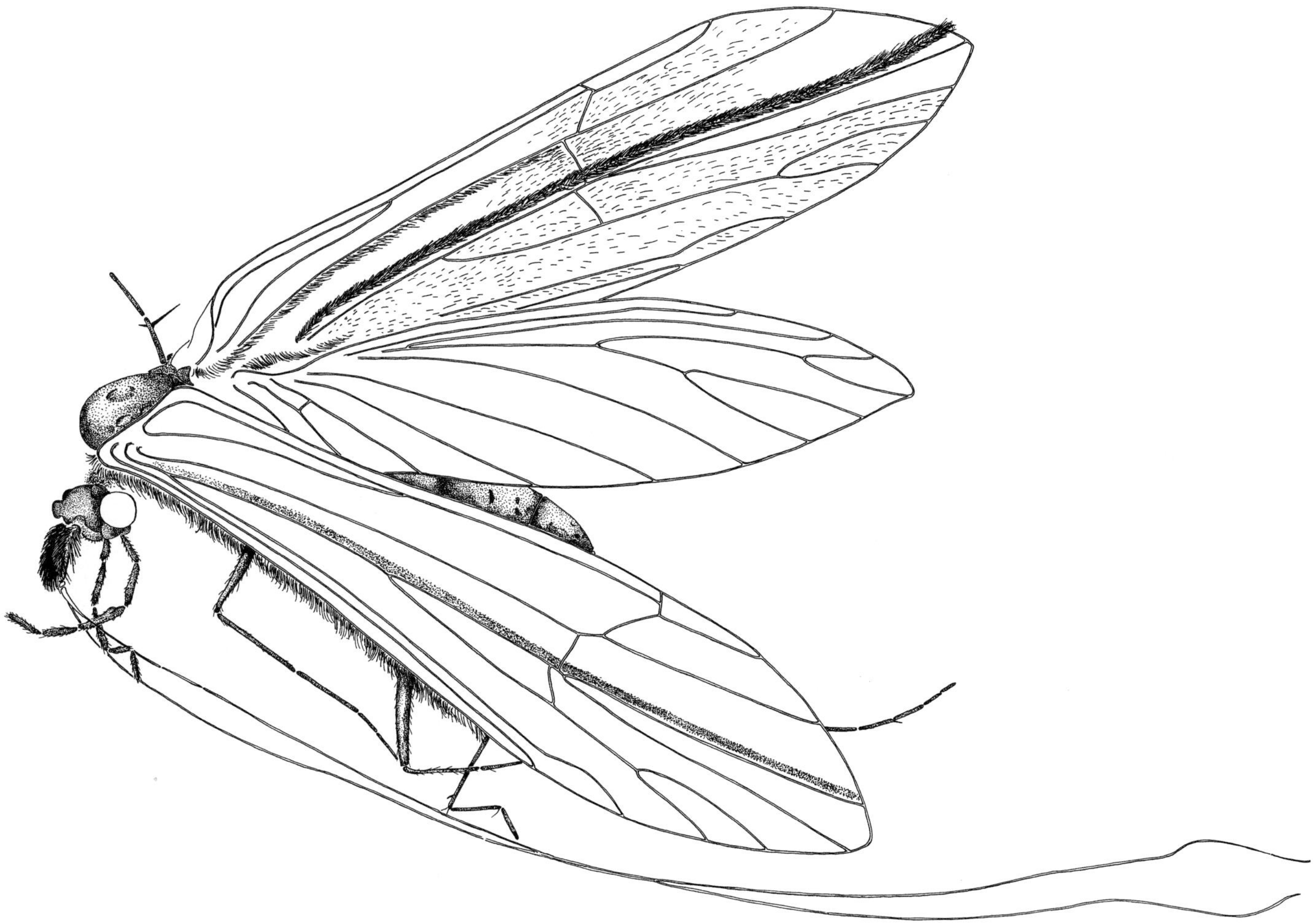

links Kopf einer Bernstein-Köcherfliege (Trichoptera: Polycentropodidae)
rechts Illustration der längst ausgestorbenen Köcherfliege Perissomyia sulcata (Trichoptera: Helicopsychidae)

Filigrane Schönheit
Zuckmücken verbringen die längste Zeit ihres Lebens als Larven in Gewässern und zeigen hier erstaunliche Anpassungsfähigkeiten. Sie kommen in kleinsten Regenwasserbecken vor, in wassergefüllten Blattachseln von Pflanzen, den Phytotelmen, sowie in Tümpeln und in der Tiefe großer Seen. Sie leben in Fließgewässern und sind großen Flüssen ebenso angepasst wie Gletscherbächen im Hochgebirge. Manche Formen ertragen eiskaltes Wasser, andere heiße Thermen. Einige Arten sind im Süßwasser, andere in hoch konzentriertem Salzwasser zu finden. Die Larven der wichtigen Unterfamilie Orthocladiinae stellen mit fast neunzig Prozent den Hauptanteil aller Zuckmücken im Bernstein. Sie leben nicht in größeren Gewässern, sondern suchen nasse Wiesen, feuchte Moore und Moospolster auf und leben hier in kleinsten aquatischen Mikrohabitaten.

Die meisten Mücken an Tümpeln, Teichen und Seen sind damals wie heute harmlos und stechen nicht.

links Kopulierendes Zuckmückenpaar (Diptera: Chironomidae); Zuckmücken schwärmen in Hochzeitsflügen und gelangen manchmal als Paar in den Bernstein.
rechts Zuckmückenmännchen (Diptera: Chironomidae) mit seinen hoch differenzierten, wirtelig behaarten Antennen zur Wahrnehmung der Umgebung und der schwärmenden Weibchen, die einfache, schmucklose Antennen tragen.

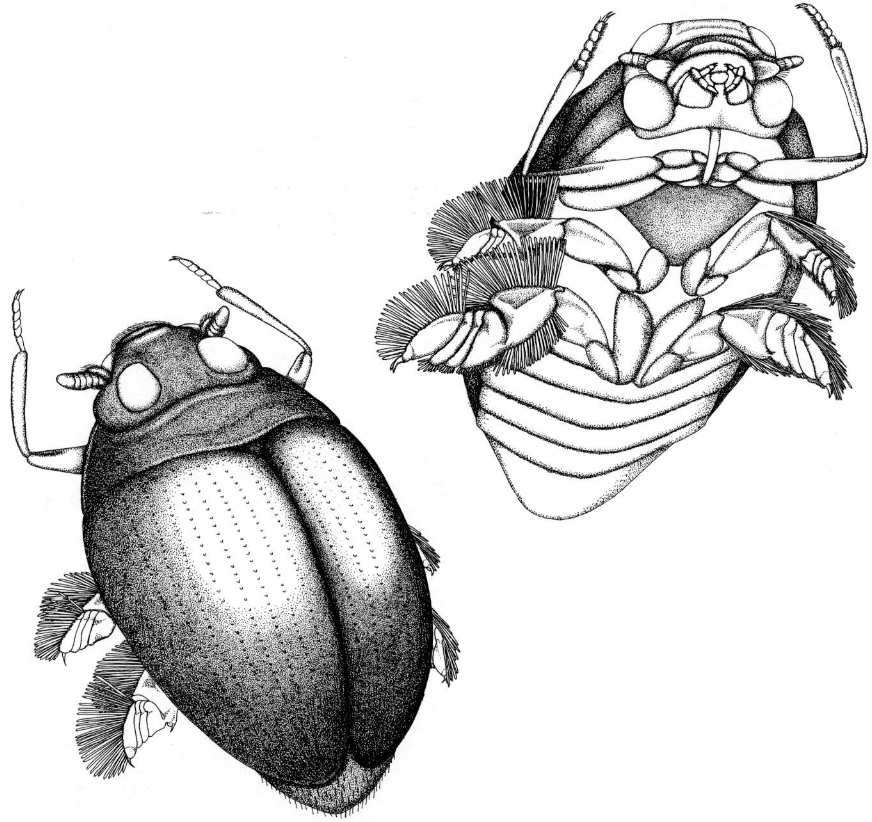

Flinke Wasserartisten

In stillen Buchten stehender und langsam fließender Gewässer ziehen schwarz-bläulich schimmernde Taumelkäfer in Scharen auf dem Wasserspiegel ihre Bahnen und hinterlassen im Sonnenschein bizarr reflektierende Wellenmuster. Taumelkäfer bewohnen die Wasseroberfläche, die sich wegen der Oberflächenspannung im Kontaktbereich von Luft und Wasser wie eine elastische Membran verhält und beinahe mit einem Trampolin verglichen werden kann. In der Kunstfertigkeit auf der Wasseroberfläche ruhiger Gewässer zu leben, wetteifern die eleganten Wasserläufer mit den Taumelkäfern.

links Taumelkäfer (Coleoptera: Gyrinidae) von oben und unten betrachtet; die anmutig kreisenden Schwimmbewegungen der Taumelkäfer werden durch ihre strömungsangepasste Körperform unterstützt. Die ovalen Tiere sind leicht abgeflacht und liegen tief im Wasser. Der Wasserspiegel verläuft am Körper entlang, im Niveau ihrer zweigeteilten Augen, mit denen sie nach oben den Luftraum beobachten und nach unten in das Gewässer schauen können. Dazwischen befindet sich in Höhe des Wasserspiegels ein toter Winkel. Dieser unsichtbare Bereich wird von den kurzen, kräftigen Fühlern wahrgenommen. Die Fühler liegen auf der Wasseroberfläche und nehmen sensibel jede Bewegung und jedes nahe kommende Beutetier wahr.

oben Taumelkäfer (Coleoptera: Gyrinidae) von unten betrachtet; die Oberflächen seiner hoch spezialisierten Beine, die ihn blitzschnell über die Wasserfläche gleiten lassen, werden seitlich durch Borstenplättchen vergrößert. Beim Ruderschlag spreizen sich die gelenkig verbundenen Borstenplättchen durch den Gegendruck des Wassers und vergrößern die Schlagflächen der Ruderbeine. Beim Vorziehen der Beine in die Ausgangslage sind die Borstenplättchen platzsparend an die Ruderbeine angelegt.
unten Wasserläufer (Heteroptera: Gerridae)

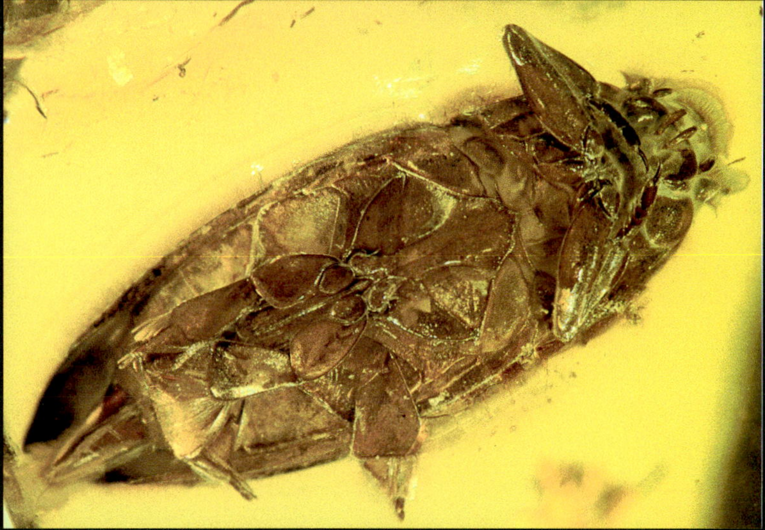

»Seine Wertschätzung im Dienste des Luxus ist so groß,

dass eine noch so kleine Figur eines Menschen die Preise lebendiger,

kräftiger Menschen übersteigt,

so dass wahrhaftig hier ein bloßer Tadel in Worten nicht genug ist.«

Plinius d. Ä. (23–79 n. Chr.)

Wirbeltiere – eine Spurensuche

Unsere Kenntnis über im Bernsteinwald lebende Wirbeltiere, insbesondere Vögel und Säugetiere, ist ausgesprochen lückenhaft; wir kennen allenfalls angewehte Federn oder Haare, die von mausernden Vögeln stammen beziehungsweise von Säugetieren, die ihre Felle abstreiften. In der Braunkohlenlagerstätte des Geiseltals bei Halle und in der Grube Messel bei Darmstadt wurden zahlreiche Skelette vollständiger Wirbeltiere des Alttertiär gefunden. Betrachtet man diese in großer Anzahl überlieferten Funde, so wird deutlich, dass Säugetiere zu dieser Zeit noch am Anfang ihrer Stammesgeschichte standen.

Ein klassisches Beispiel sind die schäferhundgroßen Urpferde, die einen frühen Seitenzweig des Pferdestammbaums repräsentieren. Sie lebten laubäsend höchstwahrscheinlich auch im Bernsteinwald zusammen mit anderen Säugetieren, die in Messel und im Geiseltal gefunden wurden: Beuteltiere, Insektenfresser, Fledermäuse, Primaten, Nagetiere, Urraubtiere, Raubtiere, Urhuftiere, Paarhufer und Unpaarhufer. Räumlich und zeitlich stehen sie dem Bernsteinwald nahe und vermitteln deutlich realistischere Vorstellungen von Säugetieren im Bernsteinwald als die im Bernstein eingeschlossenen Haare.

Die Existenz von Säugetieren im alttertiären Bernsteinwald ist außerdem durch Funde blutsaugender Parasiten wie Zecken und Flöhe belegt. Ein erstes schönes Beispiel für Parasitismus an Wirbeltieren im Bernsteinwald ist der berühmte Bernsteinfloh, der 1911 von dem Insektenforscher Alphons Dampf in Königsberg entdeckt und als Palaeopsylla klebsiana beschrieben wurde. Die Tagespresse in ganz Deutschland berichtete damals von dem seltenen und hochinteressanten Fund. Da der fossile Floh mit dem Menschenfloh und Flöhen von Haustieren in Zusammenhang gebracht wurde, war die Aufmerksamkeit groß; vielen Lesern war bis dahin kaum bekannt, dass weltweit über tausend verschiedene Floharten vorkommen. Als Ektoparasiten von Säugetieren und Vögeln leben erwachsene Flöhe im Feder- oder Haarkleid ihrer Wirte und ernähren sich von deren Blut, indem sie mit ihren stechenden Mundwerkzeugen in der Haut Blutbahnen anzapfen. Die wenigen fossilen Flöhe, die bislang im Bernstein gefunden wurden, gehö-

vorherige Seite Eine Eidechse im Bernstein: Succinilacerta sp. (Reptilia: Lacertidae); eng verwandt mit der weltberühmten Königsberger Bernstein-Eidechse (Succinilacerta succinea)
rechts Vom Wind ans Harz gewehte Vogelfedern machen neugierig: Ornithologen haben die wenigen Deckfedern und Flaume in ihrer Feinstruktur untersucht und bringen sie mit Meisen, dem Kleiber und spechtartigen Vögeln in Verbindung. Aufschlussreich sind auch Fragmente von Flaumfedern, die auf den in Süd- und Mittelamerika am Rande des Regenwaldes lebenden Motmot hinweisen, einen schönen farbenprächtigen Vogel, der zu den Sägeracken (Aves, Coraciformes: Momotidae) gehört.

ren zur Familie der Hystrichopsyllidae, deren Arten heutzutage hauptsächlich insektenfressende Kleinsäuger (Insectivora) befallen.

Da die Existenz von Säugetieren im Bernsteinwald lediglich durch einige Haarfunde belegt ist und die Kenntnis der fossilen eozänen Säugetiere Nord- und Mitteleuropas lange Zeit spärlich war, blieb die Frage nach dem Wirt des Bernsteinflohs offen. Wenn man heute die reichhaltigen Säugetierfunde der Grube Messel und des Geiseltals mit in die Betrachtung des Bernsteinwaldes einbezieht, so kommen tatsächlich igelähnliche Insektenfresser als Wirte der Bernsteinflöhe in Frage.

Die Vogelfedern der Bernsteininklusen sind als Kontur- und Dunenfedern fein strukturiert und entsprechen dem Bauplan heutiger Federn, dennoch ist eine verwandtschaftliche Zuordnung nach wie vor schwierig. Wir können aber davon ausgehen, dass die unterschiedlichen Biotope des Bernsteinwaldes von einer vielfältigen Vogelwelt besiedelt waren, die in der Tendenz der Vogelfauna heutiger subtropisch-tropischer Wälder entspricht.

Fische und Amphibien wurden im Baltischen Bernstein bislang nicht gefunden, auch wenn im 18. Jahrhundert die irrige Erwartung groß war, weil Bernstein damals ausschließlich an der Ostseeküste gefunden wurde und man daher annahm, dass er aus dem Meer komme. An Kriechtieren sind bis heute sieben mehr oder weniger vollständige Exemplare von Eidechsen sowie Kopf und Vorderextremitäten eines Geckos und das Stück einer isolierten Gecko-Wirbelsäule im Baltischen Bernstein nachgewiesen.

Auf der 62. Versammlung der Naturforscher und Ärzte im Jahre 1889 in Heidelberg berichtete Richard Klebs, einer der profiliertesten Bernsteinforscher seiner Zeit, über den Fund einer fast vollständig erhaltenen, gut 4 cm langen Eidechse im Baltischen Bernstein. Sie war das Prunkstück der Inklusensammlung des 1889 in Königsberg gegründeten Bernsteinmuseums der Fa. Stantien & Becker, die später in die Königliche Bernsteinsammlung der Universität Königsberg überging. Dieses spektakuläre Fundstück, oft als die Königsberger Bernstein-Eidechse bezeichnet, hat wie kein anderes die Paläontologen und Zoologen ein Jahrhundert lang beschäftigt. In der ersten wissenschaftlichen Bearbeitung des Fossils durch den englischen Spezialisten George Albert Boulenger (1858–1937) wurde die Bernstein-Eidechse einer noch heute im tropischen Afrika vorkom-

rechts Haare, die meist in kleinen Büscheln vorkommen, lassen sich bislang keinem bestimmten Säugetier des Bernsteinwaldes zuordnen.

menden Gattung zugeordnet. Im Zusammenhang mit Untersuchungen von südafrikanischen Kopal-Eidechsen kamen Zweifel an der Echtheit des Königsberger Fundes auf und man vermutete, dass es sich dabei ebenfalls um eine Kopal-Inkluse handelte. Als nach dem Zweiten Weltkrieg der Verlust der Bernsteinsammlung der Universität Königsberg gemeldet wurde, schien die Frage nach der Herkunft für immer unlösbar. Später stellte sich jedoch heraus, dass ein kleiner Teil dieser Sammlung – inklusive der Eidechse – bereits 1944 nach Göttingen gebracht worden war und seitdem im Geologisch-Paläontologischen Institut der Universität aufbewahrt wird. Als in den letzten Jahren weitere Eidechsen-Funde im Baltischen Bernstein gemacht wurden, stellte sich die Frage nach Alter und Herkunft der Bernstein-Eidechse von Königsberg erneut. Die Bearbeitung des neuen Materials und des Königsberger Stückes ergab, dass zumindest zwei der Neufunde artidentisch mit der Königsberger Eidechse sind, womit deren Authentizität fast hundertfünfundzwanzig Jahre nach ihrem Auffinden zweifelsfrei belegt werden konnte.

Kürzlich wurde ein weiteres kleines Reptil gefunden, dessen Kopf, Vorderbeine und Körper-Beschuppung den Reptilienforschern (Herpetologen) sichere Merkmalskriterien für die Beschreibung eines Geckos gaben. Der Fund eines sauberen Wirbelsäulenstücks im Bernstein, das mittlerweile auch einem Gecko zugeordnet werden konnte, gibt jedoch Rätsel auf. Wie gelangten die freigelegten und gut erhaltenen Knochen in das Harz? Die Antwort gibt möglicherweise der Bernstein selbst: Neben dem Wirbelsäulenstück des Geckos befinden sich auch Fragmente vom Kopf und den Beinen einer Schabe. Möglicherweise hat sich die Schabe am Kadaver des Geckos zu schaffen gemacht und sich von dessen Weichteilen ernährt. Diese Verhaltensweise kennen wir von einigen Aasfressern unter den Insekten, so auch von Ameisen, die ein auf einem Ameisenhügel abgelegtes Aas in kürzester Zeit in ein blankes Skelett verwandeln. Die Spurensuche nach Wirbeltieren wird noch so manche Überraschung bringen, auch wenn naturgemäß die Anzahl der Funde wirbelloser Gliedertiere im Baltischen Bernstein immer bedeutend größer sein wird.

Ein Stück Wirbelsäule eines Geckos, dahinter
die Fragmente einer Schabe

Eine sensationelle Entdeckung

Zu den spektakulären Funden, die in den letzten Jahren im Baltischen Bernstein gemacht wurden, gehört der Vorderkörper eines Geckos. In dem vor zwei Jahren entdeckten, nur etwa 3 cm langen Bernstein sind Kopf, Vorderkörper sowie das rechte Vorderbein hervorragend erhalten. Es handelt sich nicht nur um den ersten Nachweis dieser Tiergruppe im Baltischen Bernstein, sondern insbesondere um den ältesten bisher bekannten Gecko im Bernstein weltweit. Aus dem deutlich jüngeren Dominikanischen Bernstein liegen bereits eine Anzahl vollständig erhaltener Exemplare vor. Die wissenschaftliche Auswertung des baltischen Fundes hat ergeben, dass dieser Gecko aufgrund der Beschaffenheit seiner Haftlappen an der Unterseite der Zehen an den Anfang der Entwicklung der gesamten Tiergruppe zu stellen ist. Natürlich ist der Gecko ein weiteres Indiz für ein tropisch-subtropisches Klima in Nordeuropa vor 40 bis 50 Millionen Jahren.

links Ein Prachtexemplar: Kopf, Vorderkörper und rechtes Vorderbein eines Geckos (Reptilia: Gekkonidae)

Wovon Zecken berichten

Von den blutsaugenden Zecken (Ixodidae), die zu den Spinnentieren (Arachnida) in der Ordnung der Milben (Acari) gehören, sind bisher lediglich zwei Exemplare aus dem Baltischen Bernstein bekannt: ein erwachsenes »nüchternes« – nicht mit Blut vollgesogenes – Weibchen und eine deutlich kleinere Larve, erkennbar an ihren nur drei Beinpaaren. Das erwachsene Tier wurde 1964 von dem Hamburger Zoologen Herbert Weidner untersucht und als Ixodes succineus beschrieben. Diese Bernsteinzecke ist der heute in Europa weit verbreiteten gemeinen Zecke (Ixodes ricinus), auch Holzbock genannt, außerordentlich ähnlich. Die Weibchen ernähren sich vom Blut von Säugetieren, Reptilien und Vögeln. Wahrscheinlich saßen auch die Bernsteinzecken im Unterwuchs von Wäldern und an Waldrändern, um sich von niedriger Vegetation auf vorbeiziehende Tiere fallen zu lassen. Die Weibchen benötigen das Bluteiweiß, um Eier zu produzieren. Die Männchen lassen sich ebenfalls auf die Wirte fallen, doch nicht, um sie anzuzapfen, sondern um sich mit den Weibchen zu paaren.

---

links Die Zecke Ixodes succineus (Acari: Ixodidae); besondere Aufmerksamkeit gebührt den beißend-saugenden Mundwerkzeugen.

rechts Alle bisher aus dem Bernstein bekannten Flöhe (Siphonaptera) gehören zur Familie Hystrichopsyllidae mit den Arten Palaeopsylla dissimilis, Palaeopsylla klebsiana und Palaeopsylla baltica. Heutige Arten dieser Familie befallen vorwiegend Insektenfresser (Mammalia: Insectivora) wie zum Beispiel Maulwürfe.

Eine Bernstein-Eidechse: Succinilacerta sp. (Reptilia: Lacertidae) mit exzellent erhaltenem Schuppenkleid und Vorderfuß

Anhang

Glossar

Adhäsion bezeichnet die Haftung zweier Stoffe auf molekularer Ebene; z.B. Benetzungskräfte feuchter Flächen
Alttertiär Erdzeitalter (Serie), 65–24 Mio. Jahre
amphibisch im Wasser und auf dem Lande lebend; z.B. Entwicklungszyklus vieler Wasserinsekten: Imagines leben an Land, ihre Larven im Wasser
Angiospermen Bedecktsamer, bedecktsamige Blüten- oder Samenpflanzen. Die Samenanlage ist von einem Fruchtknoten umhüllt.
Antennen Fühler der Gliederfüßer (Arthropoda)
aquatisch im Wasser lebend
artspezifisch charakteristische Merkmale einer Art
Baumschwamm Baumpilze, Porling
Bernsteinnadel lang gezogener, tropfsteinartiger Harzfaden (Zapfen)
Biogeographie Wissenschaft von der geographischen Verbreitung der Tiere und Pflanzen
Biotop Lebensraum
Biozönose Lebensgemeinschaft
Blütendiagramm schematische Darstellung des Blütenknospen-Querschnittes von Samenpflanzen
Cheliceren Giftklauen der Spinnentiere (1. Gliedmaßenpaar), dienen zum Überwältigen der Beute und zur Verteidigung
Chitin stickstoffhaltiges, geradkettiges Polysaccharid: Hauptbestandteil des Außenskeletts (Cuticula) der Gliederfüßer (Arthropoda)
Cuticula dem Deckepithel aufliegendes festes Außenskelett bei Gliederfüßern (Arthropoda), besteht aus Chitin u. Proteinen, teilweise aus Kalk
Detritus (mikroskopisch kleine) Überreste des pflanzlichen Abfalls
Dunenfeder Daunenfeder, Deckfeder
Ektoparasit Schmarotzer (Parasit), lebt auf der Oberfläche des Wirtes
Elytren zu dicken und starren Schutzdecken (Deckflügel) umgewandelte Vorderflügel bei Insekten, insbesondere bei Käfern und Ohrwürmern
Endoparasit Schmarotzer (Parasit), lebt im Inneren des Wirtes
Entomologie Insektenkunde
Eozän Erdzeitalter (Serie), 55–33,7 Mio. Jahre
epedaphisch auf dem Boden lebend
epiphytisch auf Pflanzen lebend
euedaphisch im Boden lebend
Exuvien die bei der Häutung von Tieren (vor allem Gliederfüßer) abgestreifte Cuticula.
Facettenauge Komplexaugen, aus vielen Einzelaugen zusammengesetztes Lichtsinnesorgan der Insekten und vieler Gliederfüßer
Fangmaske beim Beutefang vorschnellende Unterlippe (Labium) der räuberischen Libellenlarven
Fossil Überrest (Abdruck o. Versteinerung) von Lebewesen, die in vorgeschichtlicher Zeit lebten
Gespinst eine Hülle aus Sekretfäden zum Schutz z.B. eines Eigeleges von Spinnen oder von Puppen
Gymnospermen Nacktsamer, nacktsamige Blütenpflanzen, deren Samenanlage nicht wie bei den Bedecktsamern von einem Fruchtknoten umhüllt ist; z.B. Nadelholzgewächse
Häutung Bei Gliederfüßern (Arthropoda) kann das vom Deckepithel abgeschiedene Außenskelett (Cuticula) nicht vergrößert werden, daher müssen sich Gliederfüßer, so lange sie im Wachstum sind, regelmäßig häuten.
Herpetologie Wissenschaft von den Kriechtieren
holometabol Insekten mit vollständiger Verwandlung, bei der zwischen dem letzten Larvenstadium und der Imago ein Puppenstadium eingeschaltet ist (holometabole Metamorphose)
Holotypus Exemplar nach dem eine neue Art beschrieben ist
Imago (pl. Imagines) das letzte Entwicklungsstadium bei Insekten, das ausgewachsene, geschlechtsreife (adulte) Insekt
Inkluse im Bernstein eingeschlossener (fossiler) Organismus
Interferenzfarben Strukturfarben durch Brechung des Lichtes an dünnen Schichten unterschiedlicher Brechungsindices
Jungtertiär Erdzeitalter (Serie), 24–1,8 Mio. Jahre
Känozoikum Erdzeitalter (Ära), 65 Mio. bis heute
Karbon Erdzeitalter (System), 358–296 Mio. Jahre
Kokon Hülle um Eier oder Puppen
Kopal Sammelbegriff von subfossilen Harzen
Larve Entwicklungsstadium von Insekten und anderen wirbellosen Tieren
Limnologie Gewässerkunde, Erforschung fließender und stehender Binnengewässer
Mandibeln paarige Mundwerkzeuge (Oberkiefer) von Insekten
Mesozoikum Erdzeitalter (Ära), 251–65 Mio. Jahre
Metamorphose Umwandlung der Larvenform zum erwachsenen, geschlechtsreifen Tier
Mimese (von Pflanzen u. Tieren) zur Tarnung, Tarntracht
Mimikry (von Pflanzen u. Tieren) zur Warnung, Warntracht
Moleküle Einheit einer chemischen Verbindung
Monographie eine systematische, möglichst erschöpfende wissenschaftliche Einzeldarstellung
Neolithikum Jungsteinzeit (5500–3000 v. Chr.)
Neotropis biogeographische Region, die Zentral- und Südamerika umfasst
Nymphe letztes Larvenstadium bei Insekten mit unvollständiger Verwandlung (hemimetabole Metamorphose)
Ornithologie Wissenschaft von den Vögeln
Paläontologie Wissenschaft von der Entwicklung der (fossilen) Lebewesen und den Lebensumständen in der Erdgeschichte
Paläoklimatologie Wissenschaft vom Klima der Vorzeit
Parasitismus Schmarotzertum, Zusammenleben von Organismen, bei dem ein Partner (Parasit oder Schmarotzer) auf Kosten des anderen (Wirt) einseitig Nutzen zieht.
PCR Polymerase-Kettenreaktion: eine molekularbiologische Arbeitsmethode, mit deren Hilfe identische DNS-Abschnitte eines zu untersuchenden Ziel-DNS-Bereichs vervielfältigt werden können.
Pedipalpen Kiefertaster der Spinnentiere (2. Gliedmaßenpaar), dienen dem Beutefang
Peristomring Öffnungsring der Sporenkapsel von Laubmoosen
Phoresie zeitweise Nutzung eines anderen Tieres als Transportmittel
Photosynthese Stoffwechselreaktion chlorophyllhaltiger Organismen: Umwandlung von Lichtenergie in chemische Energie
phytophag pflanzenfressend
Pilzhyphen fadenförmige Grundstruktur der Pilze (Mycel = Hyphengewebe)
Pleistozän Erdzeitalter (Serie), 1,81–0,01 Mio. Jahre
Puppe das Entwicklungsstadium zwischen Larve und Imago bei Insekten mit vollständiger Verwandlung (holometabole Metamorphose)
rezent in der geologischen Jetztzeit lebend
Sauerstoffisotope Sauerstoffatome mit unterschiedlicher Neutronen-Anzahl
Schlaube geschichteter Bernstein mit schaliger Struktur (Inklusenstein)
Sporen ungeschlechtliche Fortpflanzungszelle der Pflanzen
Subtropen Klimazone der Erde; in der geographischen Breite zwischen den Tropen in Äquatorrichtung und den gemäßigten Zonen in Richtung der Pole
Symbiose enge Form von Vergesellschaftung zwischen zwei Organismenarten, die für beide Partner von Nutzen ist
Syninklusen mehrere Bernsteineinschlüsse in einem Stein vereinigt
Taphozönose Grabgemeinschaft fossiler Organismen
Tertiär Erdzeitalter (System), 65–1,8 Mio. Jahre
Tropen Klimazonen zu beiden Seiten des Äquators zwischen den Wendekreisen, mit ständig hohen Temperaturen; dort steht die Sonne mindestens einmal im Jahr im Zenit.
Trophobiose Sonderform der Symbiose, Ernährungssymbiose
Verlumung weißliche Trübung von Inklusen im Baltischen Bernstein

Das Spektrum der Tiere im Baltischen Bernstein

Systematische Übersicht der prozentualen Häufigkeit der Tiergruppen im Baltischen Bernstein.
Die *Seitenzahlen* beziehen sich auf die Abbildungen im Buch.

1 Nemathelminthes (Rundwürmer) **weniger als 0,1 %**

Nematoda (Fadenwürmer)
weniger als 0,1 %
meist Parasiten und Insekten

2 Annelida (Ringelwürmer) **weniger als 0,1 %**

Oligochaeta (Wenigborster)
weniger als 0,1 %
selten; am Boden lebend

3 Mollusca (Weichtiere) **weniger als 0,1 %**

Gastropoda (Schnecken) *Seiten 35, 40, 41*
weniger als 0,1 %
gehäusetragende Pulmonata

4 Arthropoda (Gliederfüßer)

4.1 Arachnida (Spinnentiere) **etwa 24 %**

Scorpiones (Echte Skorpione)
weniger als 0,1 %
bisher 4 Exemplare

Pseudoscorpiones *Seiten 15, 47, 71-75*
(Moosskorpione)
etwa 0,5%; selten, aber regelmäßig

Opiliones (Weberknechte)
etwa 0,5 %
selten, aber regelmäßig

Solifugae (Walzenspinnen)
weniger als 0,1 %,
bisher 1 Nachweis

Acari (Milben) *Seiten 31, 39, 68-70*
etwa 18 %
Bodenmilben, 2 Zecken

Araneae (Webspinnen) *Seiten 31, 62-69*
etwa 5 %
selten Spinnennetze

4.2 Crustacea (Krebse) **weniger als 0,5 %**

Ostracoda (Muschelkrebse)
weniger als 0,1 %
bisher 3 Exemplare

Amphipoda (Flohkrebse) *Seiten 119-121*
weniger als 0,1 %
bisher keine 10 Exemplare

Isopoda (Asseln) *Seite 77*
weniger als 0,5 %
überwiegend Oniscoidea

4.3 Myriapoda (Tausendfüßer) **weniger als 0,5 %**

Chilopoda (Hundertfüßer) *Seite 59*
weniger als 0,5 %

Symphyla (Zwergfüßer)
weniger als 0,1 %
selten, im Boden lebend

Diplopoda (Doppelfüßer) *Seiten 58, 60, 61*
weniger als 0,5 %
bisher 1 Nachweis

Pauropoda (Wenigfüßer)
weniger als 0,1 %
bisher 1 Exemplar

4.4 Insecta (Kerbtiere, Insekten) **etwa 75 %**

Collembola (Springschwänze) *Seite 31*
etwa 6 %
unscheinbar, aber häufig

Diplura (Doppelschwänze)
weniger als 0,1 %
selten; im Boden lebend

Archaeognatha (Felsenspringer)
weniger als 1 %
17 Arten der Machilidae

Zygentoma (Silberfischchen)
weniger als 0,1 %
vor allem Lepismatidae

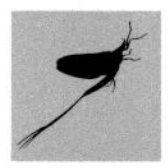
Ephemeroptera (Eintagsfliegen) *Seiten 7, 124-127*
weniger als 0,5 %
Nymphen, (Sub)Imagines

Odonata (Libellen) *Seiten 128, 129*
weniger als 0,1 %
Anisoptera, Zygoptera

Plecoptera (Steinfliegen) *Seiten 122, 123*
weniger als 0,5 %
Nymphen, Imagines

Embioptera (Embien,
Tarsenspinner)
weniger als 0,1 %

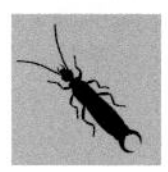
Dermaptera (Ohrwürmer)
weniger als 0,1 %
selten; am Boden lebend

Mantophasmatodea (Gladiator) *Seite 109*
weniger als 0,1 %
neue Insektenordnung!

Mantodea (Fangschrecken, Gottesanbeterinnen) *Seite 111*
weniger als 0,1 %

Blattodea (Schaben) *Seite 2, 76, 153*
weniger als 1 %
regelmäßig, nicht häufig

Isoptera (Termiten) *Seiten 105, 107*
weniger als 0,1 %
8 wärmeliebende Arten

Phasmatodea (Stabheuschrecken) *Seite 110*
weniger als 0,1 %
meist nur Larven

Saltatoria (Heuschrecken)
weniger als 0,5 %
Ensifera, Caelifera

Psocoptera (Staubläuse, Rindenläuse) *Seiten 50-53, 70*
weniger als 1 %

Phthiraptera (Tierläuse) *Seite 1*
weniger als 0,1 %
Eier (Nissen) an Haaren

Thysanoptera (Blasenfüße, Fransenflügler, Thripse)
weniger als 1 %

Heteroptera (Wanzen) *Seiten 56, 57*
weniger als 1 %
Land- und Wasserwanzen

Auchenorrhyncha (Zikaden)
weniger als 1 %
auch trop. Singzikaden

Sternorrhyncha (Pflanzensauger) *Seiten 15, 31, 54, 55,86,87*
etwa 3 %
regelmäßig vorhanden

Megaloptera (Großflügler) *Seiten 130-135*
weniger als 0,1 %
Sialidae, Corydalidae

Raphidioptera (Kamelhalsfliegen)
weniger als 0,1 %
Raphidiidae, Inocelliidae

Planipennia (Netzflügler) *Seiten 136, 137*
weniger als 0,1 %
div. Familien

Coleoptera (Käfer) *Seiten 15, 21, 31, 37, 42-45, 78-81, 144, 145*
etwa 4 %
über 70 Familien

Strepsiptera (Fächerflügler)
weniger als 0,1 %

Hymenoptera (Hautflügler) *Seiten 15, 19, 25, 28, 33, 39, 46, 83-87*
etwa 8 %
häufig, z.B. Ameisen

Mecoptera (Schnabelfliegen)
weniger als 0,1 %

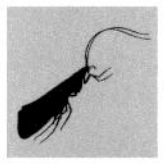
Trichoptera (Köcherfliegen) *Seiten 29, 31, 117, 138-141*
etwa 2 %
Larve, Puppe, Imago

Lepidoptera (Schmetterlinge) *Seiten 15, 47-49*
weniger als 0,5 %
rel. häufig Raupenköcher

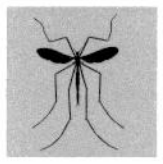
Diptera (Zweiflügler) *Seiten 14, 15, 22-28, 31, 46, 71, 114-115, 142-143*
etwa 45 %,
Nematocera, Brachycera

Siphonaptera (Flöhe) *Seite 157*
weniger als 0,1 %,
7 Flöhe in 3 Arten

5 Vertebrata (Wirbeltiere) **weniger als 0,1 %**

Reptilia (Kriechtiere) *Seite 147, 153, 155,* 159
weniger als 0,1 %
Eidechsen, Gecko

Aves (Vögel) *Seite 149*
weniger als 0,1 %

Mammalia (Säugetiere) *Seite 151*
weniger als 0,1 %

oben Prof. Dr. Wilfried Wichard im Institut für Biologie und ihre Didaktik der Universität zu Köln *unten* Dr. Wolfgang Weitschat im Geologisch-Paläontologischen Institut der Universität Hamburg

Nur wenige Forschungsinstitute befassen sich mit der Paläobiologie des Bernsteins, meist gehören sie einer Universität oder einem naturkundlichen Museum an. Für die Erforschung des Baltischen Bernsteins haben wir uns aus zwei Universitäten und zwei verschiedenen Forschungsrichtungen, der Paläontologie und der Biologie, zusammengetan; das Ziel unserer gemeinsamen Arbeit ist die gründliche Erfassung der Fauna und Flora des Baltischen Bernsteins und die Rekonstruktion ihrer Lebensräume im Bernsteinwald vor 40 bis 50 Millionen Jahren.

In Hamburg werden relativ große Mengen an Bernstein von Händlern aus Polen, Russland und Litauen angeboten. Erste Anschliffe und die vorläufige Bestimmung der Bernsteine und ihrer Inklusen lassen oft Gutes hoffen, doch der Etat der Institute und Museen ist begrenzt, und der Aufbau einer wissenschaftlichen Inklusen-Sammlung kaum möglich, da die vielversprechenden Stücke – in toto – zu teuer sind. Also nehmen die Händler einen großen Teil der interessanten Stücke, die wir inzwischen vorbestimmt haben, was einer Expertise gleichkommt, wieder mit, um sie von Nordamerika bis Japan gut zu verkaufen. Private Sammler haben sich der Lage angenommen und stellen kleine,aber feine Sammlungen zusammen, die sie uns freundlicherweise zu Forschungszwecken überlassen.

Die uns verbliebenen und von Sammlern ausgeliehenen Bernsteine durchlaufen eine routinemäßige Prozedur. Der erste Schritt der Bearbeitung beginnt mit dem Zurechtschneiden der Stücke, dem Millimeter genauen Schleifen und Polieren und endet mit der sorgfältigen Bestimmung der Pflanzen oder Tiere, möglichst bis auf das Niveau von Familie und Gattung. In einem zweiten Schritt wird die handwerkliche Bearbeitung nochmals verfeinert, weil sich bei der Bestimmung der Inklusen in der Regel individuelle, sowie familien- und gattungsspezifische Fragen stellen, die eine neue Sicht auf die eingeschlossenen Pflanzen und Tiere erfordern. Der dritte Arbeitsgang konzentriert sich auf die Bestimmung der Einschlüsse. Die Inklusen werden nun von verschiedenen Seiten, bei unterschiedlicher Beleuchtung und mit Vergrößerungen von 1 : 1 bis 1 : 100 photographiert und in verschiedenen Ansichten gezeichnet. Unter dem Stereomikroskop werden die Merkmale mit nahe verwandten heutigen Arten verglichen, bis ein gut gesichertes Gesamtbild der jeweiligen Inkluse entstanden ist. Die letzte Arbeit bleibt oft den weltweit ganz wenigen Spezialisten unter den Biologen überlassen, die sich mit den rezenten Tier- und Pflanzengruppen auskennen und zuverlässig fossile, verwandte Arten aus dem Baltischen Bernstein beschreiben können.

Das Schneiden, Schleifen und Polieren des Bernsteins erfordert von der technischen Assistentin Genauigkeit und Fingerspitzengefühl. Damit die Einzelheiten der Inkluse später exakt zu erkennen sind, muss sie den Schnitt und den planen Schliff so ausführen, dass die Bernsteinoberfläche möglichst nicht weiter als 2 mm vom eingebetteten Objekt entfernt ist. Um den richtigen Abstand zu erreichen, muss sie ihre Arbeit fortwährend unter dem Stereomikroskop überprüfen. Geschnitten wird mit dem Steinschneidgerät Combi 15 der Firma Kranz, Bonn, das Sägeblatt ist 0,5 mm stark; das Planschleifen erfolgt bei ständiger Wasserkühlung mit der Schleifmaschine RotoPol-25 der Firma Struers, Willich – nacheinander wird dabei Schleifpapier der Korngrößen 800, 1200, 2400 und 4000 eingesetzt. Die besten Ergebnisse werden bei einer Drehzahl von 80 Umdrehungen pro Minute erreicht. Poliert wird schließlich auf einer weiteren Stuers-Schleifmaschine mit einem gebräuchlichen Sidol Metall-Polierer.

Mit einem Stereomikroskop, von Laien auch Stereolupe genannt, einer geeigneten

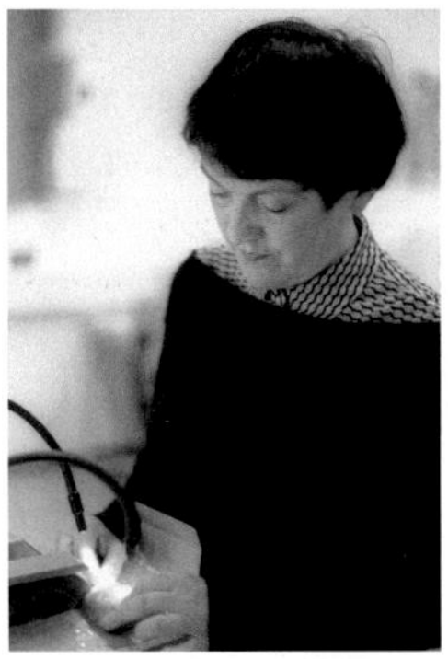

Agnes Gras, Biologisch-Technische Assistentin in Köln, beim Schneiden und Schleifen des Bernsteins

Professor Wichard am Photomakroskop

Lichtquelle, die das Objekt unter dem Mikroskop beleuchtet, und einer elektronischen Kamera, die auf eines der beiden Okulare gesetzt wird, lassen sich zwar zufriedenstellende Aufnahmen erreichen, doch die wissenschaftliche Arbeit stellt höchste Ansprüche an die Bildqualität und erfordert daher Geräte, wie wir sie in Hamburg und Köln benutzen. Zur individuellen Ausleuchtung des Objekts benutzen wir jeweils zwei Schott Kaltlichtleuchten KL 1500 electronic mit je einem zweiarmigen flexiblen Lichtleiter, in Ausnahmefällen auch eine Ringleuchte mit Spaltringlicht. Für die Makrophotographie verwenden wir das Photomakroskop Wild M 420 in Verbindung mit dem Photoautomat MPS 45/51 sowie das Nachfolgegerät Leica M 420, das mit dem Objektiv Leica Apozoom 1:6 ausgerüstet ist; daran angeschlossen ist eine zeitautomatische Spiegelreflexkamera, entweder eine Minolta X300 oder eine Leica R-E. Die Apochromatischen Objektive und der verzeichnungsfreie direkte Strahlengang der Photomakroskope garantieren farbechte, scharfe und kontrastreiche Aufnahmen. Als Film nutzen wir Kodak Ektachrome 64T. Dann werden die gerahmten Dias registriert und archiviert, parallel dazu scannen wir die Bilder mit dem Diascanner Nikon LS 4000, um am Computer, der mittlerweile neben Stereomikroskopen und Photomakroskopen unverzichtbar ist, größere vergleichende Untersuchungen anstellen zu können.

Ein besonderer Wert kommt dem wissenschaftlichen Zeichnen zu. Wo geringe Schärfentiefen die Qualität mikroskopischer Aufnahmen zwangsläufig beschneiden und eine dreidimensionale Vorstellung der Objekte erschweren, hat das wissenschaftliche Zeichnen – auch im Zeitalter der Bildbearbeitung am Computer und hochwertiger Makrophotographie – seine unbestrittene Bedeutung. Das Photo dokumentiert zwar untrüglich alle Einzelheiten in einer scharfen Ebene, die Zeichnung jedoch geht in die Tiefe und kann alle Einzelheiten räumlich miteinander verknüpfen. Außerdem ist Baltischer Bernstein oft reich an Schlieren und störenden Bläschen, die das photographische Bild verzerren können, und darüber hinaus sind im Bernstein häufig weitere Einschlüsse vorhanden, wie zum Beispiel Sternhaare, die den freien Blick auf das zu erforschende Objekt behindern. Diese störenden Elemente kann eine wissenschaftliche Zeichnung beiseite lassen und die Inklusen häufig klarer dokumentieren als so manches aufwendige Photo.

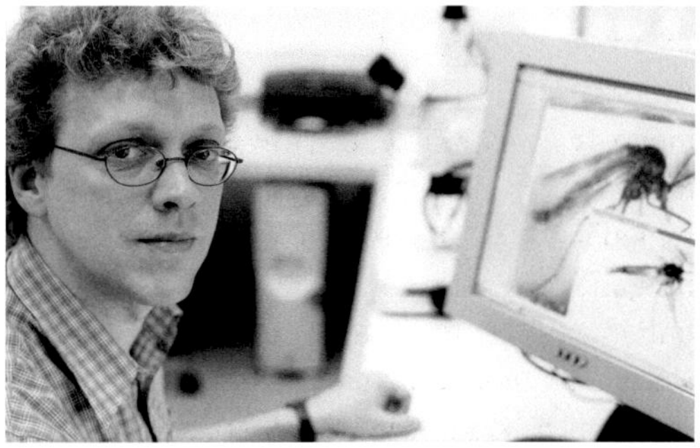

Dr. Fabian Seredszus, Wissenschaftlicher Mitarbeiter in Köln, bei der Bildauswertung von Bernsteininklusen.

Claus Lüer (Studium: Kunst und Biologie), Wissenschaftlicher Zeichner in Köln, bei der Arbeit

Am Ende der handwerklichen und wissenschaftlichen Arbeit steht natürlich die Veröffentlichung der Forschungsergebnisse. Da alle Daten auf den aufwendig präparierten Inklusensteinen basieren, müssen diese selbstredend als Belegexemplare erhalten bleiben. Doch Bernstein ist anfällig und nicht beständig. Zwar hat er bis zu 50 Millionen Jahre intakt im Meer und in Meeressedimenten überdauert, doch sobald er der Luft ausgesetzt ist, trocknet er langsam aus, bildet Risse und verändert unter dem Einfluss des aggressiven Sauerstoffs seine Farbe von einem hellen Gelb bis hin zu einem dunklen Rot. Um die wichtigen Belegexemplare möglichst lange zu erhalten, werden sie an einen Leinenfaden geklebt, kurz in dünnflüssigen Lack (Acrüdur R40 der Firma A. Ruegg, Hamburg, oder Imparat, Samtopal Seidenmattlack der Firma Iversen & Mähl, Glinde) getaucht und anschließend zum Trocknen aufgehängt – der dünne Lackfilm soll die Oberfläche des Steins vor schädlichen Umwelteinflüssen und vor mechanischer Beeinträchtigung schützen. Einige besonders wertvolle Bernsteine, die Holotypen, nach denen die Beschreibung neuer Arten vorgenommen wurde, werden alternativ oft in Kunstharz eingegossen.

Epochen der Erdgeschichte

Erdzeitalter		Mio. Jahre			
Känozoikum (Erdneuzeit)	Quartier	0,01	Holozän		
		2	Pleistozän		
	Tertier	5	Pliozän	erste Menschen	
		24	Miozän		**Dominikanischer Bernstein** **Mexiko Bernstein**
		39	Oligozän		
		55	Eozän	**B e r n s t e i n w a l d**	**Baltischer Bernstein**
			Paleozän	Entfaltung der Säugetiere	
Mezozoikum (Erdmittelalter)	Kreide	65		Aussterben der Saurier	**New Jersey Bernstein** **Libanon Bernstein**
	Jura			erste Vögel (Archaeopteryx)	
	Trias			erste Säugetiere	
Paläozoikum (Erdaltertum)	Perm	245		erste Reptilien	
	Karbon				
	Devon			erste Amphibien	
	Silur				
	Ordovizium			erste Fische	
	Kambrium				
Archaikum (Erdurzeit)	Präkambrium	545			

Bernstein-Sammlungen und -Museen in Europa

Deutschland
Deutsches Bernstein Museum, Ribnitz-Damgarten
Im Kloster 1-2
18311 Ribnitz-Damgarten
Tel. 03821 - 2931
http://www.german-amber-museum.de

Nordsee-Bernsteinmuseum, St. Peter-Ording
Dorfstr. 26
25826 St.Peter-Ording
Tel. 04863 - 56 11

Natureum Niederelbe Balje
Neuenhof 8
217390 Balje
www.natureum-niederelbe.de
Tel.: 04753 - 842131

Staatliches Museum für Naturkunde, Stuttgart
Rosenstein 1
70191 Stuttgart
Tel.: 0711 - 8936-0
www.naturkundemuseum-bw.de/stuttgart/

Bernsteinmuseum Bad Füssing
Heilig-Geist-Str.2
94072 Bad Füssing
Tel.: 08531- 981034
www.bernsteinmuseum.com

Bernsteinmuseum Sellin, Rügen
Granitzer Straße 43
18586 Sellin, Rügen
Tel.: 038303 - 87279
www.bernsteinmuseum-sellin.de

Geowissenschaftliches Zentrum der Universität Göttingen
Goldschmidtstr. 3
37077 Göttingen
www.geobiologie.uni-goettingen.de

Museum für Naturkunde der Humboldt Universität
Invalidenstrasse 43
10115 Berlin
www.naturkundemuseum-berlin.de

Geologisch-Paläontologisches Institut und Museum der Universität Hamburg
Bundesstraße 55
20146 Hamburg
Tel.: 040 - 428384999
www.geowiss.uni-hamburg.de/i-geol/start.html

Schweden
Swedish Amber Museum
S. Mariavej 4
236 35 Höllviken
Tel. +46 - 40 - 454504
www.brost.se

Dänemark
Copenhagen Amber Museum
Vesterbrogade 18
Copenhagen
www.houseofamber.dk

Skagen Ravmuseum
Bankevej 2
9990 Skagen
www.ravmuseum.dk

Oksböl Amber Museum
Vestergade 25
6840 Oksböl
Tel. 0045 - 75 - 220877

Spanien
The Natural Science Museum of Alava
C/ Siervas des Jesus 24
Vitoria-Gasteiz

Polen
Muzeum Ziemi (Museum der Erde), Warschau
Polska Akademia Nauk
Aleja Na Skarpie 10/26
PL-00488 Warszawa

Muzeum Zamkowe w Malborku
(Schlossmuseum Marienburg)
Ul. Staroscinka 1
PL-82-200 Malbok
www.zamek.malbork.pl

Muzeum inkluzji w bursztynie
(Museum der Bernstein-Inklusen)
Uniwersitet Gdansk
Katedra zoologii bezgregowcow
Al. Marszalka Pilsudskiego 46
Pl-81-378 Gdyna
www.muzeum.gda.pl

Muzeum Przyrodnicze
(Museum of Natural History)
ul. sw. Sebastiana 9
Pl-31-049 Krakow
www.isez.pan.krakow.pl

Litauen
Palangos Gintaro Miziejus
(Bernsteinmuseum Palanga)
Vytauto g. 17
Lt-5720 Palanga
www.pgm.lt

Gintaro muziejus-galerija, Nida
(Bernstein Museum und Galerie, Nidden)
V. & K. Mizgiris
Pamario g.20
LT-5872 Neringa, Nida
www.ambergallery.lt

Gintaro muziejus-galerija, Vilnius
(Bernstein Museum und Galerie, Vilnius)
V. & K. Mizgiris
Sv. Mykolo g. 8
LT-2001 Vilnius
www.ambergallery.lt

Russland
Kaliningrad Amber Museum
(Bernsteinmuseum Königsberg)
Vasilevskovo 1
Kaliningrad
www.cnit.albertina.ru/(amber)

Literaturauswahl

Bachofen-Echt, A.: Der Bernstein und seine Einschlüsse. – Springer-Verlag, Wien 1949, Nachdruck J. Wunderlich-Verlag, Straubenhardt 1996.

Berendt, G.C. (Hrsg.): Die im Bernstein befindlichen organischen Reste der Vorwelt. – Vol. I-II, Berlin (Nicolai) 1845-1856 .

Caspary, R., Klebs, R.: Die Flora des Bernsteins und anderer fossiler Harze des ostpreußischen Tertiärs. – Abhandlungen der Königlich Preußischen Geologischen Landesanstalt, NF 4, Berlin 1907.

Conwentz, H.: Monographie der Baltischen Bernsteinbäume. – Leipzig (Engelmann) 1890.

Enderlein, G.: Die fossilen Copeognathen und ihre Phylogenie. – Palaeontographica 58, Berlin/Stuttgart (Schweizerbart) 1911.

Ganzelewski, M., Slotta, R. (Hrsg.): Bernstein – Tränen der Götter. – Katalog der Ausstellung des Deutschen Bergbau-Museums Bochum, 1996.

Goeppert, H. R., Menge, A.: Die Flora des Bernsteins und ihre Beziehungen zur Flora der Tertiärformation und der Gegenwart. – Bd. 1-2, Danzig (Engelmann) 1883–1886.

Grimaldi, D. A.: Amber – Window to the Past. – American Museum of Natural History, New York 1996.

Janzen, J.-W.: Arthropods in Baltic Amber. – Ampyx-Verlag, Halle 2002.

Kosmowska-Ceranowicz, B., Konart, T.: Tajemnice bursztynu. – (Sport I Turystyka), Warszawa 1995.

Krumbiegel, G. & B. (Hrsg.): Faszination Bernstein. – Goldschneck-Verlag, Weinstadt 2001.

Krzeminska, E., Krzeminski, W.: Les fantomes de l'ambre. – Musée d'histoire naturelle, Neuchâtel, 1992.

Larsson, S. G.: Baltic Amber – a Palaeobiological Study. – Scandinavian Science Press, Klampenborg, Denmark 1978.

Poinar, G.O.: Life in Amber. – Stanford University Press, Stanford 1992.

Poinar, G., Poinar, R.: The Amber Forest – a Reconstruction of a Vanished World. – Princeton University Press, Princeton 1999.

Schlee, D.: Bernstein-Raritäten. – Staatl. Museum Naturkunde, Stuttgart 1980.

Schlee, D.: Das Bernstein-Kabinett. – Stuttgarter Beiträge zur Naturkunde, C 28, 1990.

Schubert, K.: Neue Untersuchungen über Bau und Leben der Bernsteinkiefern [Pinus succinifera (CONW.) emend.]. – Geol. Jahrbuch, Beiheft 45, Hannover 1961.

Sendel, N.: Historia succinorum corpora aliena involventium et naturae opere pictorum et caelatorum es Regiis Augustorum cimeliis Dresdae conditis aeri insculptorum conscripta. – Gleditschium, Lipsiae (Leipzig) 1742.

Ulmer, G.: Die Trichopteren des Baltischen Bernsteins. – Beiträge zur Naturkunde Preußens 10: 1-380, Königsberg 1912.

Weitschat, W. & Wichard, W. : Atlas of Plants and Animals in Baltic Amber. – Verlag Pfeil, München 2002.

Wheeler, W. M.: The Ants of the Baltic Amber. – Schriften der Physikalisch-ökonomischen Gesellschaft zu Königsberg 55: 1-142, Königsberg 1914.

Wichard, W. & Weitschat, W.: Wasserinsekten im Bernstein – eine paläobiologische Studie. – Entom. Mitt. Löbbecke-Museum + Aquazoo, Beiheft 4, Düsseldorf 1996.

Dank
Wo Wissenschaft und Buchkunst zu einer schönen Einheit verschmelzen, haben viele begeisterte Menschen mitgewirkt. Die Autoren danken ganz herzlich den Mitarbeitern des Kölner Instituts, auch Annette-Caroline Bölling, den Mitgliedern des Arbeitskreises Bernstein in Hamburg, insbesondere den Bernsteinsammlern Jonas Damzen (Vilnius), Carsten Gröhn (Glinde), Ingrid Herrling (Bramsche) und Jürgen Velten (Idstein). Peter Christian Voigt (Hamburg) stellte freundlicherweise die Bilder des Bernsteinschmucks aus der Jungsteinzeit und Ulf Erichson vom Deutschen Bernsteinmuseum in Ribnitz-Damgarten die Abbildung eines modernen Schmuckstücks mit der Inkluse einer Eintagsfliege zur Verfügung. Unser besonderer Dank gilt dem Gerstenberg Verlag und Frau Nicola Stuart, deren engagiertes Lektorat ganz wesentlich zum guten Gelingen dieses schönen Buches beigetragen hat.

Bilder auf den Seiten 1 bis 4 Haare eines Säugetieres mit Nisse (Phthiraptera); Schabenlarve (Blattodea); Bremse (Diptera: Tabanidae)

www.gerstenberg-verlag.de

Bibliografische Information Der Deutschen Bibliothek
Die Deutsche Bibliothek verzeichnet diese Publikation in der Deutschen Nationalbibliografie; detaillierte bibliografische Daten sind im Internet über http://dnb.ddb.de abrufbar

Einbandgestaltung, Layout und Satz: Magdalene Krumbeck, Wuppertal
Satz aus der ITC Giovanni
Lithographie: PPP, Köln
Druck: DeAgostini, Novara
Printed in Italy

ISBN 3-8067-2551-9